絶対わかる 有機化学

齋藤勝裕 著
Saito Katsuhiro

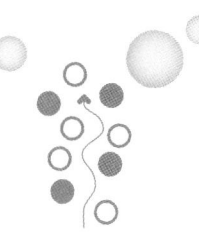

講談社サイエンティフィク

目　　次

はじめに　v

第 I 部　原子と結合　1

1 章　原子と分子の構造 …………………………2

1. 原子の構造　2
2. 量子論的原子構造　4
3. 電子雲と軌道の形　6
4. イオン結合と共有結合　8
5. 電気陰性度と結合のイオン性　10
6. 分子間にも引力がある　12

2 章　有機化合物の構造 …………………………14

1. 構造の書き表し方　14
2. 飽和炭化水素の構造　16
3. 不飽和炭化水素の構造　20
4. 共役化合物の構造　22
5. 置換基の種類　24
6. 異性体は分子式が同じ　26
7. 立体構造の異なる立体異性　28

コラム：植物熟成ホルモン　18
コラム：サリドマイド　30

3 章　有機化合物の結合 …………………………32

1. 混成軌道　32
2. sp^3 混成軌道の結合　34
3. σ 結合と π 結合　36
4. sp^2 混成軌道の結合　38
5. sp 混成軌道の結合　40
6. 共役化合物の結合　42
7. ヘテロ原子の結合　44
8. ヘテロ原子の二重結合　46

コラム：ひずみのかかった化合物　48

第 II 部　構造と性質　49

4 章　分子軌道法 …………………………………50

1. 原子軌道と分子軌道　50
2. 結合性と反結合性　52

- *3* 分子軌道関数と軌道エネルギー *54*
- *4* 共役化合物の分子軌道 *56*
- *5* 共役の長さと軌道エネルギー *58*
- *6* 環状共役系の分子軌道 *60*
- *7* 反応性指数 *62*
- コラム：分子軌道の名前 *58*

5章　構造決定 …………………………………… *66*

- *1* 光とエネルギー準位 *66*
- *2* UV スペクトルと共役系 *68*
- *3* IR スペクトルと官能基 *70*
- *4* NMR スペクトルと水素原子 *72*
- *5* MS スペクトルと分子量 *76*
- *6* 単結晶 X 線解析 *78*

6章　有機化合物の性質 ………………………… *80*

- *1* 酸性と塩基性 *80*
- *2* 結合異性は分子構造の変化 *82*
- *3* 芳香族性は特別の安定性 *84*
- *4* 発色性と発光性 *86*
- *5* 旋光性 *90*
- コラム：^{13}C NMR *92*

第 III 部　有機反応 *93*

7章　有機反応論 ………………………………… *94*

- *1* 反応式の書き表し方 *94*
- *2* 反応速度と濃度 *96*
- *3* 遷移状態と活性化エネルギー *98*
- *4* σ結合と置換基効果 *100*
- *5* π結合と置換基効果 *102*

8章　一重結合の反応 …………………………… *104*

- *1* 一分子求核置換反応　S_N1 反応 *104*
- *2* 二分子求核置換反応　S_N2 反応 *110*
- *3* 一分子脱離反応　E1 反応 *112*
- *4* 二分子脱離反応　E2 反応 *114*
- *5* ザイツェフ則とホフマン則 *116*
- コラム：律速段階 *106*

9章　二重結合の反応 …………………………… *118*

- *1* シス付加反応 *118*
- *2* トランス付加反応 *120*
- *3* ハロニウムイオン反応機構 *122*
- *4* マルコフニコフ則 *124*
- *5* 環状付加反応 *126*
- *6* 立体選択性 *128*
- *7* 酸化反応 *130*
- *8* 光が起こす光化学反応 *132*
- *9* 閉環反応の熱と光 *134*
- コラム：結合回転 *120*

コラム：二重結合の定性反応　*126*

10章　芳香族の反応 …………………………………………………… *136*

1. 芳香族の反応性　*136*
2. 求電子的置換反応 S_E 反応　*138*
3. 位置選択性　*142*
4. オルト・パラ配向　*144*
5. メタ配向　*146*

コラム：ベンザイン　*142*
コラム：電子対の移動：電子供給基　*144*
コラム：電子対の移動：電子求引性　*146*

11章　官能基の反応 …………………………………………………… *148*

1. ヒドロキシル基の反応　*148*
2. エーテルの反応　*152*
3. カルボニル基の反応　*154*
4. ホルミル基の反応　*158*
5. カルボキシル基の反応　*160*
6. アミノ基の反応　*162*
7. 置換基の変換　*164*

コラム：二日酔いとシックハウス症候群　*166*

第IV部　生体と超分子　*167*

12章　生物体の化学 …………………………………………………… *168*

1. 糖　*168*
2. タンパク質　*170*
3. DNA　*172*
4. 天然物　*174*
5. 毒　*176*
6. 薬　*180*

13章　超分子化学 ……………………………………………………… *182*

1. 単分子と超分子　*182*
2. 分子を取り囲む包接化合物　*184*
3. 分子膜と細胞膜　*186*
4. 光を操る液晶　*190*
5. 結晶と有機超伝導体　*194*

索　引 …………………………………………………………………… *198*

はじめに

　学問に王道無しとは良く言われるとおりである．確かにその通りであろう．しかし，勉強にも王道は無いのだろうか？　道にぬかるみの道もカラー舗装の道もあるのと同様，勉強にももっと合理的な道があるのではないか．同じ努力をするにしても，もっと合理的な努力があるのではないか．本書「絶対わかるシリーズ」はこのような疑問を元に編集された，学部 1 年生から 3 年生向けのシリーズである．

　「絶対わかる」とは著者の側から言えば，「絶対わかってもらう」「絶対わからせる」という決意表明でもある．手に取ってもらえばおわかりのように，本書は右ページは説明図だけであり，左ページは説明文だけである．そして全ての項目について 2 ページ完結になっている．その 2 ページに目を通せば，その項目については完全に理解できる．説明図は工夫を凝らしたわかりやすいものである．説明文は簡潔を旨とした，これまたわかりやすいものである．

　説明は詳しくて丁寧であれば良いと言うものでは決してない．説明される人が理解できるのが良い説明なのである．聞いている人が理解できない説明は，少なくともその人にとっては何の価値もない．

　たとえ理解できる説明だとしても，断片的な知識の羅列では，知にはなっても知識にならない．結合を考えてみよう．イオン結合，二重結合，σ 結合，共有結合…と沢山の種類がある．これら個々の知識はもちろん大切である．しかし，それだけでは結合の全体像がつかめない．各結合の相対的な関係がわかって初めて結合と言う物の正しい認識が得られる．大切なのは知識の体系化である．

種類				例
結合	イオン結合			NaCl
	共有結合	σ 結合	一重結合	H_3C-CH_3
		π 結合	二重結合	$H_2C=CH_2$
			三重結合	$HC\equiv CH$
	○×結合			

　上の表が頭に入っているか否かで結合の認識はかなり変わる．そしてこのよ

うな事は，文章による説明よりも図表によって示された方がはるかにわかりやすい．

　この例は本書のほんの一例である．

　本シリーズを読んだ読者はまず，わかりやすさにびっくりすると思う．そして化学はこんなに単純で，こんなに明快なものだったかとびっくりするのではないだろうか．その通りである．学問の神髄は単純で明快である．ただ，科学では，特に化学では自然現象を研究対象とする．そこには例外が常に存在する．この例外に目を奪われると学問は途端に複雑怪奇曖昧模糊なものに変貌する．研究を志す者は何時かはこのような魑魅魍魎に立ち向かわなければならない．

　著者が強調したいのは，そのためにも若い読者の年代においては単純明快な理論体系をしっかりと身につけてもらいたいということである．魑魅魍魎に魅了されるのはその後でなければならない．

　本シリーズで育った若い諸君の中から，何時の日か，日本の，いや，世界の化学をリードする研究者が育ってくれたら筆者望外の幸せである．

　浅学非才の身で，思いばかり先走る結果，思わぬ誤解，誤謬があるのではないかと心配している．お気づきの点など，どうぞご指摘頂けたら大変有り難いことと存じる次第である．最後に，本シリーズ刊行に当たり，お世話を頂いた講談社サイエンティフィク，沢田静雄氏に深く感謝申し上げる．

　平成 15 年 8 月

齋藤勝裕

　参考にさせていただいた書名を上げ，感謝申し上げる．
P.W.Atkinns（千原秀昭，中村亘男訳），アトキンス物理化学，東京化学同人 (1979)
坪村宏，新物理化学，化学同人 (1994)
岩村秀，野依良治，中井武，北川勲，大学院有機化学，講談社 (1988)
T.W.G.Solomonns（花房昭静，池田正澄，仲嶋正一訳），ソロモンの新有機化学，広川書店 (1996)
深澤義正，笛吹修治，はじめて学ぶ大学の有機化学，化学同人 (1997)
井本稔，有機電子論解説，東京化学同人 (1961)
I.Fleming（福井謙一監修，竹内敬人，友田修司訳），フロンティア軌道法入門，講談社 (1978)
山本嘉則編著，有機化学基礎の基礎，化学同人 (1997)
齋藤勝裕，反応速度論，三共出版 (1998)
齋藤勝裕，構造有機化学，三共出版 (1999)
齋藤勝裕，超分子化学の基礎，化学同人 (2001)

第I部 原子と結合

1章 原子と分子の構造

　有機分子の種類は無数といってよいほど多い．しかし，有機化学は動物，植物などの天然物を対象とした科学を母体としたせいもあり，通常の有機分子が含む原子の種類は多くはない．それは炭素，水素，酸素，窒素である．もちろん，そのほかの原子も関係はするが，その割合は大きくない．それにしても，すべての有機分子は原子の結合したものであり，したがって原子の性質とその結合を理解することは有機化学の第一歩である．
　ここでは有機化学への入り口として，原子の構造とその結合について簡単に見て行くことにしよう．

第1節 原子の構造

　原子論は，遠くギリシア時代にさかのぼるが，人類が実証的に原子の構造を考え出したのはそんなに古い時代ではない．イギリスの物理学者ラザフォードが，原子核を発見したのは 1911 年のことである．その後，デンマークの物理学者ボーアが中心となって築き上げたのが古典的な原子像である．
　それによれば，原子は中心にある原子核とその周りにある電子とからできている．原子核はプラスの荷電を持つ陽子と電気的に中性の中性子とから構成される．電子はマイナスの荷電を持ち，K 殻，L 殻，M 殻などの殻と呼ばれるものに収容される．それは太陽の周りを回る恒星系のように端正な美しさささえ感じられる構造である．
　各殻には，K 殻に 1，L 殻に 2，M 殻に 3，というように量子数 n が割りふられる．それに従って各殻に入ることのできる電子の数は $2n^2$ 個と決定される．**各殻は原子核を中心とした円を描き，その半径 r_n は n^2 に比例する．**殻に収容された電子はこの殻上を円運動する．**各殻は n^2 に反比例したエネルギーを持つ，**というのが古典的な原子構造であった．
　このように，各種の値が量子数によって決定されることを量子化という．しかし古典的原子論は，なぜ量子数が必要なのか，という疑問に答えることはできなかった．このような古典的原子構造は，やがて，実験事実を完全には説明できないことがわかり，代わって，量子論に基づく原子構造が登場した．

原子と分子の構造

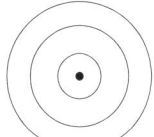
古典的原子

量子論的原子

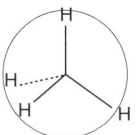
単純分子

共役分子

先端的分子

？分子？

原子の構造

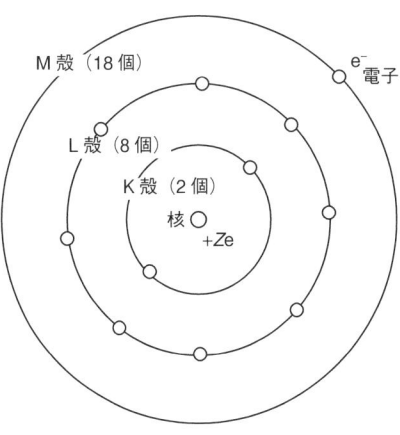

図 1-1

第2節 量子論的原子構造

量子論に基づく原子構造の特徴は，原子のエネルギー構造（電子のエネルギー）が量子数によって決められることを理論的に明らかにしたことである．

1 軌道エネルギー準位

量子論の結果，原子に属する電子のエネルギーは，図 1-2 に示すように，s 軌道，p 軌道などと呼ばれる軌道で規定されることが明らかとなった．図には殻と軌道の関係を示しておいた．p 軌道は 3 本あることに注意願いたい．

図においてエネルギー 0 は原子に属さない電子，すなわち自由電子の静止状態のエネルギーを指す．運動エネルギーを持てば，その分プラスになる．

原子を構成する電子のエネルギーはマイナス側にあり，エネルギーがいちばん低いのが 1s 軌道であり，それから，2s，2p という順に高エネルギーになって行く．軌道名の前につく数字，1，2 は量子数である．

化学者は安定，不安定，低エネルギー，高エネルギーという言葉を用いるが，その関係は図に示したとおりである．

2 電子配置

電子は軌道に入る．その際，約束が二つある．

1　エネルギーの低い軌道から入って行く．
2　各電子は右回り，もしくは左回りのスピン（自転）をしている．1 本の軌道には 2 個の電子が入れるが，その際スピン方向を反対にしなければならない．

以上の約束に従って，電子を詰めていったのが図 1-3 である．電子が軌道にどのように詰まっているかを表したものを**電子配置**という．

水素は 1 個の電子を最低エネルギー軌道の 1s 軌道に入れる．ヘリウムは 2 個目の電子を 1s 軌道にスピンを反対にして入れる．矢印はスピンの方向を表す．リチウムは 1s 軌道が満杯になっているので，3 個目の電子を 2s 軌道に入れる．というぐあいに順次，電子を詰めて行けばよい．

炭素は 1s，2s 軌道に 2 個ずつ，そして 2 本の 2p 軌道にそれぞれ 1 個ずつの電子を，スピンを同じ向き（平行スピン）にして入れる．

軌道エネルギー準位

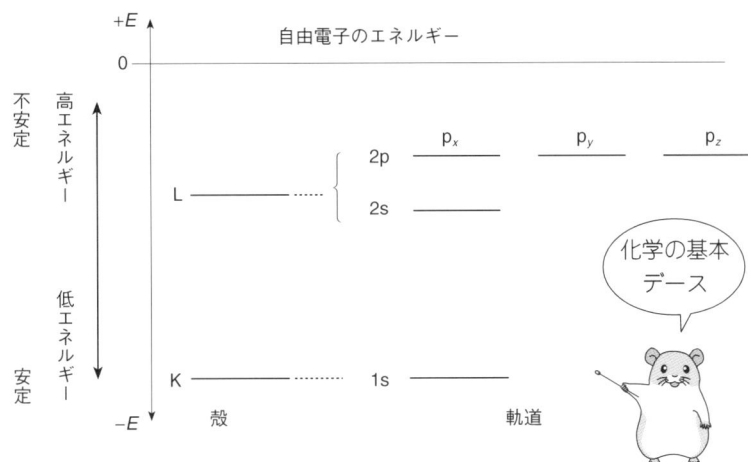

図 1-2

電子配置

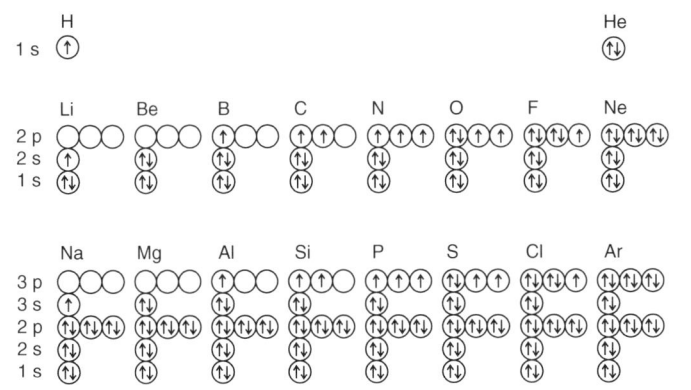

図 1-3

第3節 電子雲と軌道の形

　量子論の理論の一つに不確定性原理というものがあり，それによれば，同時に二つの量を決定することはできないということになる．電子に関していえば，電子のエネルギーと位置は同時に特定できない（不確定性原理）ということになる．現代化学は電子のエネルギーを元にして組み立てられている．したがって，電子の位置は決定できない，わからない，ということになる．この結果，われわれは電子の位置をある確率でしかいえないことになった．この結果が電子雲という考えである．

1 電子雲

　原子のスナップ写真を撮ったとしよう．1からnまで，ほとんど無限大枚の写真を撮ったとしよう．電子はそのつど，勝手な位置で写真に収まる．そこで，この1からnまでのフィルムを1枚の写真に重ね焼きしたのが図1-4である．電子がまるで雲のようになって写っている．雲の濃いところが電子の存在する確率（存在確率，あるいは存在密度）の高い所である．

2 軌道の形

　量子論では，各軌道は軌道関数という数式で表現される．数式であるから，プラスにもなればマイナスにもなる．
　この関数を二乗したものは電子の存在確率を表すと理解される．したがって，この二乗関数を図にしたものが軌道の形ということになる．軌道の形とは，その軌道に属する電子の存在密度を雲状に表したものである．
　図1-5に示したように，s軌道は中空の球である．肉厚のサッカーボールのようなものである．皮に相当する所に電子が存在する．
　p軌道はくしに刺した2個のお団子である．ただし，一般的には鉄亜鈴（ボディービルで使うダンベル）型として説明される．先に図1-2でp軌道が3本あることを注意した．ここでその3本が明らかになっている．すなわち，3本のp軌道の違いは方向の違いである．x，y，z軸方向を向く軌道をそれぞれ，p_x，p_y，p_z軌道とする．

電子雲

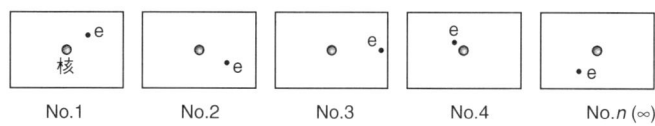

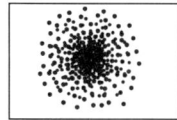

図 1-4

軌道の形

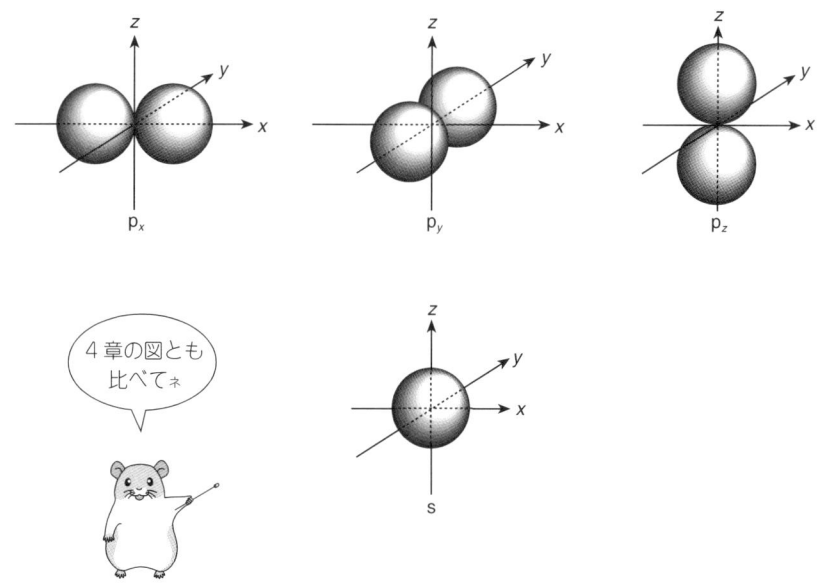

図 1-5

第4節 イオン結合と共有結合

　原子の性質が明らかとなったところで，原子を結びつける力，結合について見て行こう．結合には多くの種類があるが，有機化学で問題になるのは主にイオン結合と共有結合である．

1 イオン結合

　図 1-6 に示したように，**イオン結合の本質はプラスとマイナスの電荷の間に働くクーロン力（静電引力）である**．プラスの電荷を中心に考えれば，その周りのマイナス電荷は，たとえ何個存在しようと，距離さえ同じならば同じ力で引きつけられる．これを**飽和性**がないという．また，この引力には距離だけが問題で，プラス電荷からの方向は問題でない．これを**方向性**がないという．

　この，飽和性，方向性のないことがイオン結合の特徴である．

2 共有結合

　有機分子の大部分は共有結合で成り立っている．

　共有結合のエネルギーに関係した詳しい説明は，第 4 章で行うので，ここでは簡単な説明にとどめる．

　図 1-7 に示したのは，2 個の水素原子，H^1 と H^2 が共有結合して水素分子 H^1H^2 となる過程の模式図である．H^1 の電子を白丸，H^2 の電子を黒丸で表した．たいせつなのは，途中で両原子の電子雲が重なり，最後に結合電子雲となって両原子を結びつけることである．この結果，白い電子と黒い電子はともに分子を構成する結合電子雲となり，両原子によって持ち合われる（共有される）ことになる．これが共有結合といわれる所以である．

　共有結合を構成する 2 個の結合電子は，結合する両方の原子が 1 個ずつ出し合った電子である．もし，一方の原子が 2 個の電子を出したなら，その結合は共有結合ではないことになる（配位結合という）．

　図にメタンとエチレンの構造を示した．メタンでは 1 個の炭素に 4 個の水素が 109.5°の角度を持って結合している．エチレンでは 1 個の炭素に 2 個の水素と 1 個の炭素が 120°の角度で結合している．このように，**共有結合では，飽和性と方向性がある**．

イオン結合

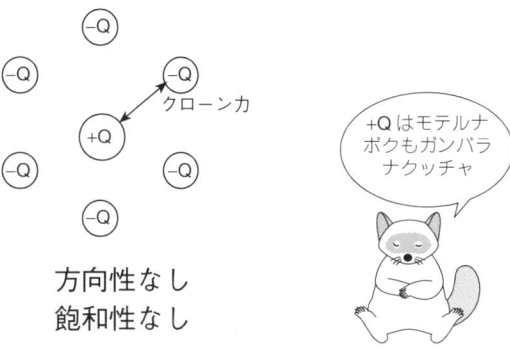

図 1-6

共有結合

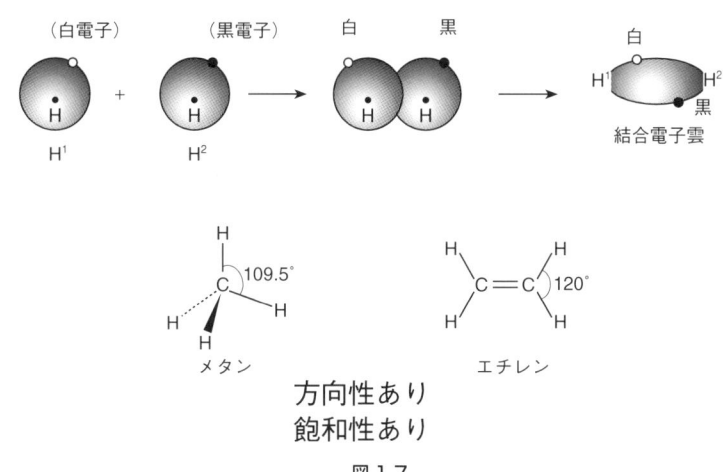

図 1-7

第5節 電気陰性度と結合のイオン性

有機分子の性質や，有機化学反応を考える際にたいせつなものに電気陰性度という値がある．これについて見てみよう．

1 電気陰性度

原子 A から電子を取り去って陽イオン A^+ を作る際に必要となるエネルギーがイオン化エネルギー（I）である．反対に，原子 A に電子を与えて陰イオン A^- にするときに放出されるエネルギーが電子親和力（A）である．I にしろ A にしろ，絶対値が大きいことはその原子が陰イオンになりやすいことを示している．してみれば，両者の絶対値を使って，原子の陰イオンになるなりやすさの傾向を表すことができるのではないか．

以上のような考えから出たのが**電気陰性度（χ，カイ）**であり，式 (1-1) である．式で=でなく，≒が使われているのは，電気陰性度は単純な平均値ではなく，平均値に化学者の経験値を加えて決めたものであることを示している．

図 1-8 に周期表に従って電気陰性度を示し，矢印でその傾向を示しておいた．これは有機化学を学ぶ上で傾向を覚えておきたい図である．周期表の右上に行くほど大きくなっている．フッ素は酸素より，酸素は窒素より，窒素は炭素より，炭素は水素よりマイナスになりやすいのである．

2 結合のイオン性

原子の間の結合を考えてみよう．図 1-9A のように，結合する 2 個の原子の電気陰性度が等しい場合には，結合電子雲は 2 個の原子の中間に存在する．しかし，2 個の原子 A，B の間で電気陰性度に差があったらどうなるであろうか．図 B のように結合電子雲は電気陰性度の大きい原子 B に引き寄せられることになる．その結果，原子 A はプラスに，B はマイナスに荷電することになる．これを**結合がイオン性を帯びたという**．

イオン性の量は両原子の電気陰性度の差が大きいほど大きくなる．そのようすを表したのが図 C のグラフである．イオン性 100 % の結合とはイオン結合にほかならない．このグラフは純粋なイオン結合や共有結合はむしろ特殊な結合で，多くの結合は両方の要素を含んだものであることを示している．

電気陰性度

$$\chi \fallingdotseq \frac{|I|+|A|}{2} \quad (1\text{-}1)$$

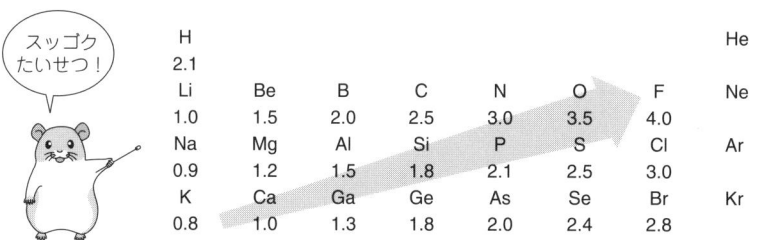

図 1-8

結合のイオン性

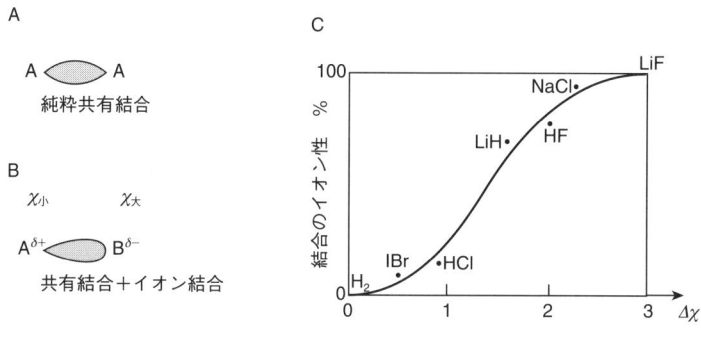

図 1-9

第6節 分子間にも引力がある

原子は結合することによって分子を形成した．分子は結合しないのだろうか．

分子は原子のような結合はしない．しかし，分子どうしの間には，引力と呼べるような，互いに引き合う力が働く．このような力を分子間力という．

1 水素結合

テーブルにこぼした水は山形に盛り上がる．もし，水分子に働く力が重力だけなら，水分子はテーブル上に一層になって広がるはずである．山形に盛り上がるのは表面張力のせいであるが，表面張力の本質は分子間力である．水分子が互いに，ちょうどスクラムを組むように引きつけあっているから，重力に逆らって積み上がることができるのである．

水分子を構成する酸素原子 (3.5) と水素原子 (2.1) の電気陰性度を比較すると酸素のほうが大きい．これは第 5 節で見たように酸素原子のほうが電子を引きつける力が強いことを意味する．その結果，水分子においては酸素原子がマイナスに，水素原子がプラスに帯電する．**両電荷の間にはクーロン力が働く．簡単にいうとこれが水素結合である**．

図 1-10 に氷（水の結晶）のステレオ図を示した．水分子が整然と 3 次元に整列していることがわかる．このように，氷内において水分子は互いに水素結合によって引き合っている．

2 ファンデルワールス力

水と違って，分子内に電荷を持たない分子の間にも分子間力が働く．これはファンデルワールス力と呼ばれるものである．正確にはファンデルワールス力のうち，分散力と呼ばれるものである．

分子は原子の集まりであるから，原子核が並んだ部分と，それを取り巻く電子雲の部分とからできている．前者はプラスに荷電し，後者はマイナスに荷電する．図 1-11A のように両者がきちんと重なっていれば問題はない．しかし，電子雲の位置がずれて図 B のようになると，分子内に電荷が生じる．その結果，図 C のようにプラス部分とマイナス部分との間に静電引力が生じる．このように，**瞬間的に現れる電荷による引力を特に分散力という**．

水素結合

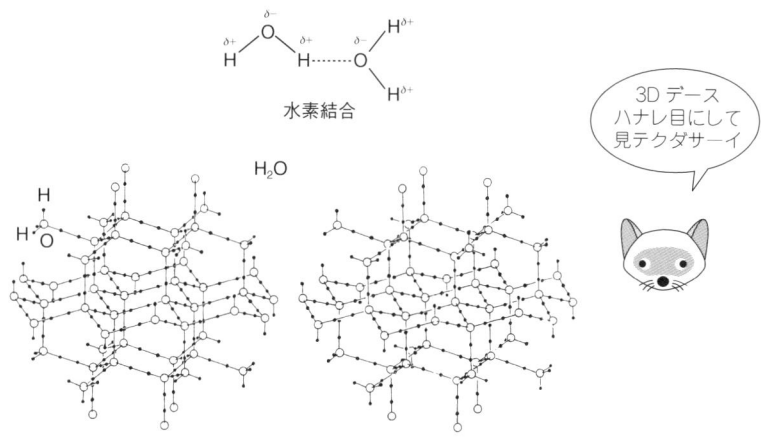

[笹田義夫，大橋裕二，齋藤喜彦編，結晶の分子科学入門，p.100，図 3.19，講談社 (1989)]

図 1-10

ファンデルワールス力

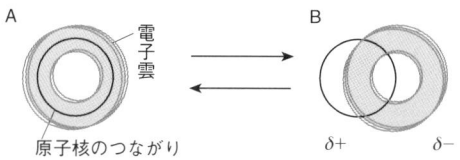

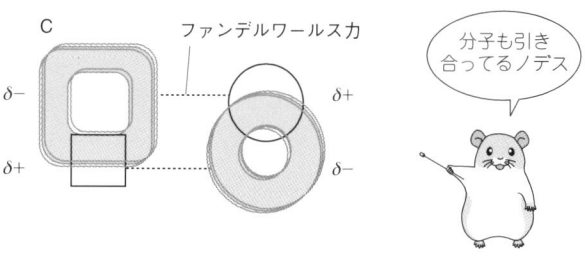

図 1-11

2章 有機化合物の構造

いたずらをしたタヌ君が閉じ込められている立方体のようなもの，実は有機分子である．キュバンという化合物である．ハム君が回し車とまちがえて回しているのも有機分子である．アダマンタンという．有機分子にはこのように，各種の形のものがそろっている．ここでは有機分子の構造について見て行こう．

第1節 構造の書き表し方

上の話を読んで，変だと思った読者もいることと思う．キュバンにもアダマンタンにも原子が書いてないではないか．なんでこれが分子なんだ．

もっともな疑問である．しかし，有機化学の約束ではこれで分子を表すことになっている．ここで，分子を表示する際の約束事を見ておこう．

分子の構造を表したものを構造式という．複雑な分子になると構造式も複雑になり，見やすくするため，いろいろな簡略表記が認められている．表2-1は分子をいろいろな簡略法の下で書いて見たものである．1，2，3，4と表の左から右へ行くにつれて簡略化が進んでいる．

メタンの構造式はこれ以上簡単に書きようがない．CH_4では分子式である．エタンの構造は1番の書き方がいちばんていねいではあるが，3番の書き方でも十分に構造がわかる．プロパンではさらに進んで4番の表示法を使うこともある．4番の表示法は次の約束に基づいている．

1　折れ線の最初と最後，および屈曲部には炭素原子がある．
2　各炭素原子には，炭素の手の数4を満足するだけの水素が結合している．

プロペンは二重結合を含む化合物である．4番の表記法では二重結合は2本線（二重線）で表す．ベンゼンは環状化合物で二重結合が一つ置きに入った共役化合物と呼ばれるものである．構造式は普通，4番の表示法のうち，上の図で表すことが多い．しかし，最近は六角形の中に○を書いた，下の構造式もよく使われる．

さて，キュバン，アダマンタンの構造式，理解できただろうか．上の図は4番の表示法で書いたものである．練習のため，両分子を1番の表示法で書いてみることをお勧めする．

有機化合物の構造

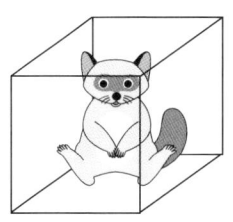
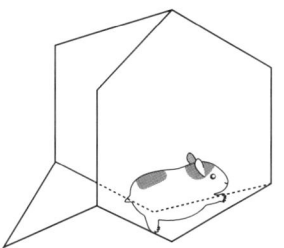

構造式の書き表し方

名称	1	簡略化 2	3	4
メタン	H-C(H)(H)-H			
エタン	H-C(H)(H)-C(H)(H)-H	CH_3-CH_3	CH_3CH_3	
プロパン	H-C(H)(H)-C(H)(H)-C(H)(H)-H	$CH_3-CH_2-CH_3$	$CH_3CH_2CH_3$	∧
ブタン	H-C(H)(H)-C(H)(H)-C(H)(H)-C(H)(H)-H	$CH_3-CH_2-CH_2-CH_3$	$CH_3(CH_2)_2CH_3$	∧∨
プロペン	H-C(H)(H)-C(H)=C(H)-H	$CH_3CH=CH_2$	CH_3CHCH_2	⌇
ベンゼン	(H six-membered ring with alternating double bonds)			⬡ (with circle)

表 2-1

第2節 飽和炭化水素の構造

炭素原子と水素原子だけからできた化合物を**炭化水素**という．そのうち，一重結合（飽和結合）だけで構成されたものを**アルカン**，あるいは飽和炭化水素という．

1 直鎖状構造

炭素原子が 1 本の鎖状に並んだ化合物の構造を直鎖（状）構造ということがある．表 2-2 にこのような分子の構造と名前を整理した．表では分子を構成する炭素原子の個数に従って並べてある．これらの分子は基本的なものであるので，名前を覚えることが望ましい．簡単である．名前には約束がある．

国際純正・応用化学会連合（IUPAC）が化合物の名前の決め方の約束を提出した．これを **IUPAC 命名法**という．これに従うと，有機化合物の名前は，その化合物を構成する炭素原子の数を表す数詞を元にして決められる．

ということで，まず，数詞を覚えよう．これはラテン語の数詞である．しかし，われわれの身の回りにもよく使われている．

1 はモノである．レールが 1 本の電車はモノレールと呼ばれる．2 はジ，またはビである．輪が二つある自転車はバイ（ビ）スクルである．数詞の使用例を図に示した．9 を表すノナは説明が必要だろう．10^{-9} m を表す nm（ナノメートル）のナノはノナの逆数を意味して名づけられた．10 を表すデカの例は学生さんから聞いたものである．デカは刑事の通称である．刑事はピストル（銃，じゅう，十）を持つ．だからデカは 10 である．脱帽ものである．20 はイコサである．

たくさんを意味する言葉もたいせつで，ポリという．学生さんによれば"ポリ"ス（警官）は"たくさん"いる，ということになる．ポリエチレンはエチレンがたくさん集まったもの，という意味である．

直鎖状飽和化合物の名前は数詞の後ろに ne を付けて表す．炭素数 5 のペンタン以上はすべてこのようにして命名されている．しかし，炭素数 4 以下の化合物は，このような IUPAC 命名法が決まるずっと前から，一般的な名前が付いていた．したがってこのような化合物には歴史的な名前を認めることにした．このような名前を**慣用名**という．

直鎖状構造

炭素数	数詞	名前	構造	数詞の例
1	mono モノ	methane メタン	CH_4	monorail
2	di(bi) ジ, ビ	ethane エタン	CH_3CH_3	bicycle（二輪車）
3	tri トリ	propane プロパン	$CH_3CH_2CH_3$	triangle（三角形）
4	tetra テトラ	butane ブタン	$CH_3(CH_2)_2CH_3$	tetrapod（テトラポッド）
5	penta ペンタ	pentane ペンタン	$CH_3(CH_2)_3CH_3$	pentagon（米国防総省）
6	hexa ヘキサ	hexane ヘキサン	$CH_3(CH_2)_4CH_3$	hexarench
7	hepta ヘプタ	heptane ヘプタン	$CH_3(CH_2)_5CH_3$	heptathlon（七種競技）
8	octa オクタ	octane オクタン	$CH_3(CH_2)_6CH_3$	octopus（タコ）
9	nona ノナ	nonane ノナン	$CH_3(CH_2)_7CH_3$	nanometer（10^{-9} m）
10	deca デカ	decane デカン	$CH_3(CH_2)_8CH_3$	デカ（刑事）は銃（10）を持つ
20	icosa イコサ	icosane イコサン	$CH_3(CH_2)_{18}CH_3$	
たくさん	poly ポリ			polymer（高分子化合物）

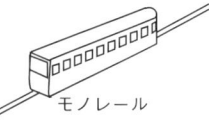
モノレール

bicycle

triangle

tetrapod

pentagon

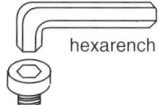
hexarench

octopus

表 2-2

$$nm = 10^{-9}\ m = \frac{1}{10^{-9}}\ m = \frac{1}{nona}\ m$$

deca（刑事）
ピストル（銃十）

2 環状構造

　有機化合物には炭素原子が環状に結合したものも多い．このようなものを**環状化合物**という．表 2-3 にいくつかの例を示した．IUPAC 命名法では**環状化合物の名前は同じ炭素数を持つ直鎖状化合物の名前の前に，環状を表す語シクロ（cyclo）を付ける**ことになっている．表の左カラムの分子はこのような命名法によって命名されたものである．

　それに対して右側のカラムの分子名はすべて慣用名である．スピロペンタンは炭素数 5 であることがうかがえる．スピロとは同一炭素原子から二つの環構造が発生している化合物に付けられる名前であり，ここでアステリスクを付けた炭素をスピロ炭素ということもある．テトラヘドラン，キュバンは立体的な構造であり，鳥かごにちなんで**ケージ状化合物**と呼ばれることもある．

　表 2-3 の化合物は環構造を作るために，結合間の角度を無理に曲げていることがあり，そのために不安定化して高エネルギーになっていることがある．このように，**構造に無理があるために生じた不安定化のエネルギーをひずみエネルギー SE（strain energy）と呼ぶ**．表を見るとシクロヘキサン以外はすべて環構造をとるために無理をしていることがわかる．しかし，ここに上げた分子はすべて室温で安定に存在できるものばかりである．

column　植物熟成ホルモン

　原子，分子の働きは精妙である．こんなに簡単な構造で，と思われる分子が，生物にとってとんでもなく重要な働きをしていることがある．酸素分子など，その最たるものであるし，サスペンスでおなじみの青酸カリ（KCN）だってそうである．

　エチレンは図 C-1 に示したように分子式 C_2H_4 の小さな分子であるが，植物に大きな影響力を持つ．植物の熟成ホルモンなのである．青いバナナにエチレンを吸収させると熟成して黄色くなる．キウイフルーツは未熟でも熟成済みでも同じような外見で，そのため未熟な酸っぱいものを求めてしまうことがある．そのようなときはビニール袋にリンゴといっしょに入れておく．リンゴは熟成に伴ってエチレンを放出する．それをキウイが吸収し，熟成して甘くなる寸法である．

　花がしおれるときにもエチレンを放出し，それを周りの花が吸収してまたしおれる．花柄をこまめに摘まなければならない理由である．

環状構造

構造，名称	ひずみエネルギー kJ/mol	構造，名称	ひずみエネルギー kJ/mol
cyclopropane シクロプロパン	118	スピロペンタン	255
cyclobutane シクロブタン	114	テトラヘドラン	590
cyclohexane シクロヘキサン	0	キュバン	659

表 2-3

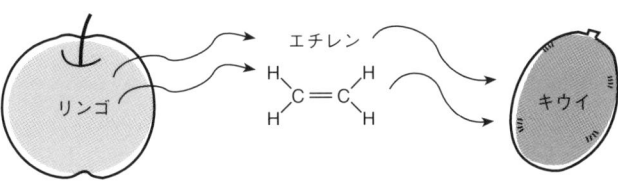

図 C-1

第3節 不飽和炭化水素の構造

二重結合と三重結合を不飽和結合といい，不飽和結合を含む炭化水素を不飽和炭化水素という．二重結合を含む化合物を**アルケン**，三重結合を含む化合物を**アルキン**という．

1 直鎖状アルケン

直鎖状で二重結合を含む化合物の代表としてエチレンがあげられる．図 2-1 で示したようにエチレンを構成する 6 原子はすべて同一平面上にあり，結合間の角度（結合角）はほぼ 120°である．

エチレンという名前は慣用名であり，IUPAC 名はエテンである．図 2-1 に示したスペルを見ればわかるように，これは**相当する飽和化合物エタン (ethane) の語尾の ane を ene に代えたもの**である．ene は二重結合を表す際に用いられる．プロペンはプロパンを元にした IUPAC 名である．

1,4-ペンタジエンはペンタンに二重結合 (ene) が 2 個 (di) 付き (diene)，その位置が 1 番目と 4 番目の炭素であることから付いた IUPAC 名である．このように，二重結合を 2 個 (di) 含む炭化水素をアルカジエンということがある．3 個 (tri) 含めばアルカトリエンであるが，たくさん (poly) の二重結合 (ene) を含むものは一般にポリエンと呼ばれる．

2 環状アルケン

二重結合を含む環状化合物を**環状アルケン**という．図 2-2 にシクロプロペンと 1,4-シクロヘキサジエンをあげた．名前はいずれも**対応する直鎖状化合物の名前に，接頭語として環状を表すシクロを付けただけ**である．

3 三重結合を含む化合物

図 2-3 に三重結合を含む化合物をあげた．代表はアセチレンであり，酸素と混ぜて酸素アセチレン炎として，鉄鋼の溶接などに用いられる．アセチレンは慣用名であり，IUPAC 名はエチンである．これは**対応する化合物エタンの語尾 ane を yne に代えたもの**である．

直鎖状アルケン

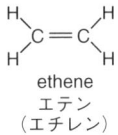
ethene
エテン
（エチレン）

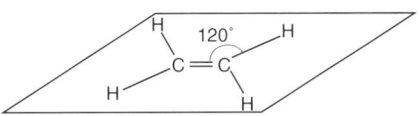

H₂C=CH−CH₃

propene
プロペン
（プロピレン）

H₂C=CH−CH₂−CH=CH₂
 1   2   3   4   5

1,4-pentadiene
1,4-ペンタジエン

図 2-1

環状アルケン

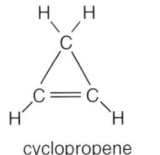
cyclopropene
シクロプロペン

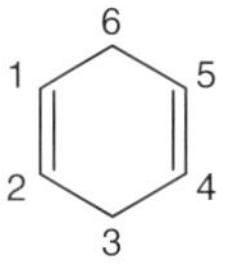

1,4-cyclohexadiene
1,4-シクロヘキサジエン

図 2-2

三重結合を含む化合物

H−C≡C−H

ethyne
エチン
(acetylene
アセチレン)

H−C≡C−CH₃

propyne
プロピン

HC≡CH−CH₂−CH≡CH

1,4-pentadiyne
1,4-ペンタジイン

図 2-3

第4節 共役化合物の構造

一重結合と二重結合が交互に並んだ結合を，全体として共役二重結合といい，このような結合を含む化合物を共役化合物ということがある．

1 共役二重結合

図 2-4 に示した化合物ではすべて，一重結合と二重結合が交互に並んでいる．このような結合は特殊な性質を持ち，このような構造を持った分子は特殊な反応性を持つ．そこで，このように**一重結合と二重結合が並んだ結合を全体として，共役二重結合といい，それを含む化合物を共役化合物という**．

1,3-ブタジエンは最も小さい共役化合物であり，理論的に興味深い化合物である．この分子の持つ共役二重結合とは，C_1（1 番目の炭素）から C_4（4 番目の炭素）にまたがっている全部で 3 本の結合全体を指す．1,3,5-ヘキサトリエンの共役二重結合は C_1 から C_6 までの 5 本の結合全体のことである．

2 芳香族化合物

共役二重結合だけでできた環状化合物の中で，$2n + 1$ 個（n は適当な正整数）の二重結合を含む一群の化合物を芳香族化合物という．芳香族化合物は有機化合物の中でも，特殊な性質を持つ一群である．その性質や反応性は後の章で詳しく説明するので，ここでは代表的な芳香族化合物の構造を図 2-5 に示すにとどめる．ただ，芳香（よい香り）族といっても，必ずしもよいにおいとはかぎらないことを注意しておこう．

ベンゼン（$n = 1$）は芳香族の典型であり反応性に乏しい安定な化合物である．トルエンは中毒性の劇薬であり，ナフタレン（$n = 2$）はかつてタンスに入れて防虫剤とした．PCB は絶縁性の安定な油状物であり，以前はトランスオイルなどとして大量に使われたが，肝臓障害を起こすことが明らかとなり使用禁止になった．ダイオキシンは今や公害物質の代表のようにいわれている．

しかし，一方で芳香族化合物は，各種医薬品はもとより，染料，合成繊維，発泡スチロールなどとして，われわれの日常生活になくてはならないものになっている．

共役二重結合

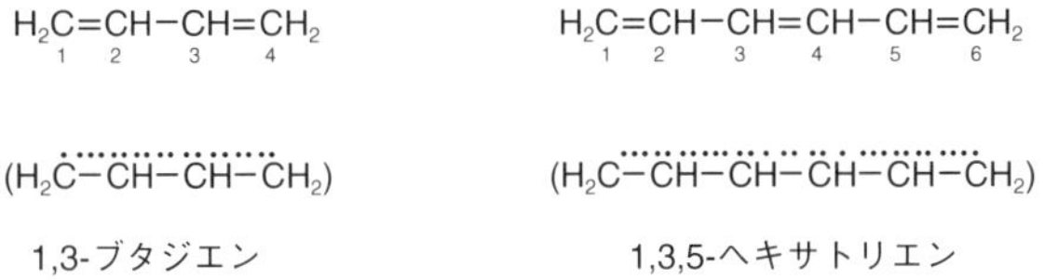

H2C=CH−CH=CH2
1 2 3 4
(H2C−CH−CH−CH2)
1,3-ブタジエン
H2C=CH−CH=CH−CH=CH2
1 2 3 4 5 6
(H2C−CH−CH−CH−CH−CH2)
1,3,5-ヘキサトリエン

図 2-4

芳香族化合物

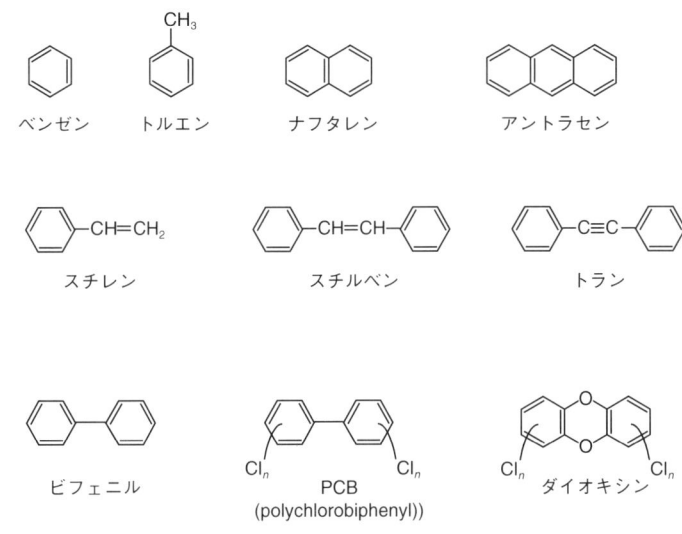

CH3
ベンゼン
トルエン
ナフタレン
アントラセン
CH=CH2
スチレン
CH=CH
スチルベン
C≡C
トラン
ビフェニル
Cln
Cln
PCB
(polychlorobiphenyl))
O
O
Cln
Cln
ダイオキシン

図 2-5

第5節 置換基の種類

　有機化合物には非常に複雑な形をしたものが多い．しかし，そのような化合物もよく見ると，いくつかの部分に分けて考えることができることがわかる．このときに使われるのが置換基という考えである．図 2-6 の化合物は，長い直鎖状化合物（ペンタン）に CH_3（メチル基）というおまけ？がぶら下がっていると見ることができる．この場合，直鎖状部分を分子の基本骨格といい，CH_3 を置換基という．置換基というのは基本骨格ペンタンの"H"が"CH_3"に置き換わったという意味である．置換基は原子 C，H からなるアルキル基と C，H 以外の原子を含む官能基とに分けることができる．

1 アルキル基

　表 2-4 にアルキル基とアリール基をまとめた．アルキル基は本章第 2 節の飽和炭化水素から得られたものであり，アリール基は第 4 節の芳香族化合物から得られたものである．いずれも，たくさんの種類があり，ここに示したのはほんの一部である．分子の立体的な形に大きく関係し，立体反発などを通して反応性にも影響する．

2 官能基

　表 2-5 にまとめたのは官能基と呼ばれる置換基の代表的なものである．**官能基は分子の性質を決定的に変化させる**．カルボキシル基の付いた分子とアミノ基の付いた分子では，その性質はまったく違う．前者は酢酸を代表とする酸であり，後者はアニリンでよく知られた塩基である．

　各官能基の付いた化合物の一般名と例をあげておいた．アルコール，エーテル類などはなじみのものではないだろうか．シックハウス症候群で有名になったホルムアルデヒドはアルデヒドの仲間である．ニトロ基は爆薬トリニトロトルエンに付いている置換基であり，ニトリル基はサスペンスドラマでおなじみの青酸カリの一部といえばわかりやすいだろうか．これらの化合物の性質や反応性については後に第 11 章で詳しく説明する．

　表に示した官能基の名前はすべて覚えるべきである．なに，七つか八つである．たいした話ではない．

置換基の種類

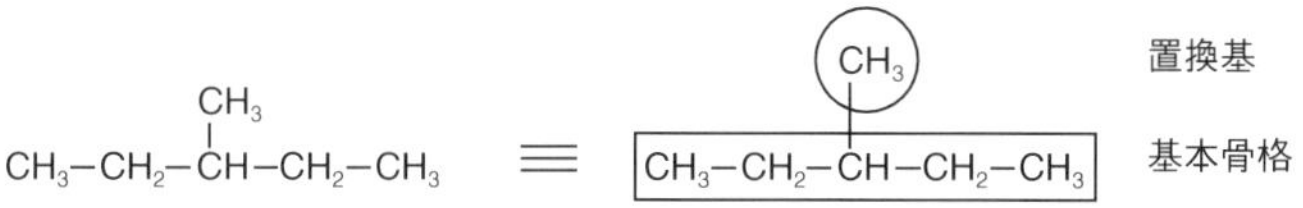

CH₃-CH₂-CH-CH₂-CH₃ のCH₃部分 ≡ 基本骨格 CH₃-CH₂-CH-CH₂-CH₃ に置換基CH₃

図 2-6

アルキル基

	基	簡易表示	基名
アルキル基	$-CH_3$	$-Me$	メチル基
	$-CH_2-CH_3$	$-Et$	エチル基
	$-CH_2CH_2CH_3$	$-Pr$ / $-C_3H_7$	プロピル基
	$-CH(CH_3)_2$	$-i\text{-}Pr$ / $-i\text{-}C_3H_7$	イソプロピル基
アリール基	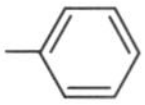 $-C_6H_5$	$-Ph$	フェニル基

表 2-4

官能基

	基	基名	一般式	一般名	例	
官能基	$-OH$	ヒドロキシル基	$R-OH$	アルコール	$EtOH$	エチルアルコール
	$>C=O$	カルボニル基	$R_2C=O$	ケトン	$Me_2C=O$	アセトン
	$-CHO$	ホルミル基	$R-CHO$	アルデヒド	$H-CHO$	ホルムアルデヒド
	$-COOH$	カルボキシル基	$R-COOH$	カルボン酸	CH_3-COOH	酢酸
	$-NH_2$	アミノ基	$R-NH_2$	アミン	$Ph-NH_2$	アニリン
	$-NO_2$	ニトロ基	$R-NO_2$	ニトロ化合物	$Ph-NO_2$	ニトロベンゼン
	$-CN$	ニトリル基	$R-CN$	ニトリル化合物	$Ph-CN$	ベンゾニトリル

表 2-5

第6節 異性体は分子式が同じ

有機化合物の種類が膨大な数になる理由の一つに異性体の存在がある．異性体とは分子式が同じで，構造式の違う分子のことである．

1 一重結合の異性体

図 2-7A に示した二つの分子，ブタンと 2-メチルプロパンはともに分子式 C_4H_{10} である．しかし構造式は異なっており，この二つの分子は違う分子である．このとき，ブタンと 2-メチルプロパンは互いに**異性体**であるという．

B の C_5H_{12} では図に示した三つの異性体が存在する．異性体の数は炭素数の増加とともに加速度的に増加する．

2 二重結合の異性体

図 2-8A の二つの分子は互いに**シス－トランス異性体**といわれる関係にある．二重結合を表す二重線に対して同じ側に同じグループのあるものをシス体，反対のものをトランス体という．第 3 章第 3 節で説明するように，二重結合に含まれるπ結合がねじれることができないため，このような異性体が生じる．

図 B は C_4H_8 の異性体のうち，二重結合を含むものだけを示したものである．1-ブテンと 2-ブテンでは二重結合の位置が違い，2-ブテンには**シス体**と**トランス体**がある．そのほかに 2-メチルプロペンもある．

3 環状化合物の異性体

図 2-9A はシクロペンテンにメチル基が付いたメチルシクロペンテンの異性体である．メチル基の置換する位置によって三つの異性体が存在する．

B はベンゼン骨格にメチル基が 2 個置換したキシレンという分子である．2 個のメチル基の相対的な位置関係によって *o*－，*m*－，*p*－ の 3 種がある．それぞれを**オルト体，メタ体，パラ体**といい，*o*, *m*, *p* の字体はイタリックで表す約束になっている．

これらのように，置換基の位置による異性体を**位置異性体**ということがある．図 2-8B の 1-ブテンと 2-ブテンも位置異性体である．

一重結合の異性体

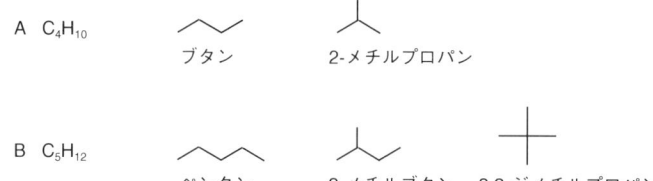

図 2-7

二重結合の異性体

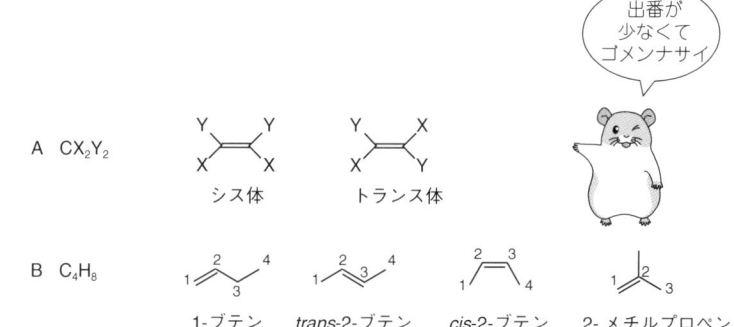

図 2-8

環状化合物の異性体

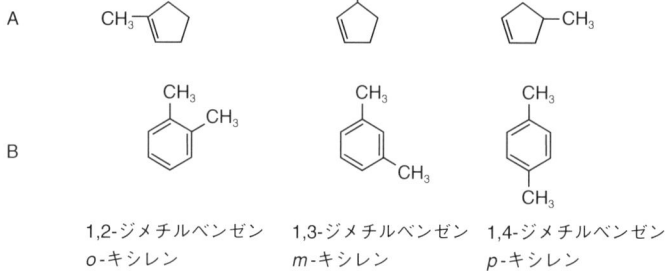

図 2-9

第7節 立体構造の異なる立体異性

構造式が同じであるにもかかわらず，異性体が生じることがある．このような異性体を立体異性体と呼ぶ．

1 回転異性体

図 2-10 に示した分子はエタンである．エタンは 2 個のメチル基が σ 結合で結合したものと考えられる．したがって C–C 結合軸の周りで回転できる．

そのようすを表したのが**ニューマン透視図**といわれる図である．図はエタンを C–C 結合軸の方向から見たものとして図示してある．円は炭素原子を表し，6 本の C–H 結合を表す直線のうち，円の中心に達している 3 本は手前の CH 結合を表し，炭素の円で途中を消された 3 本は奥の CH 結合を表す．

図の A では 6 個の水素原子はちょうど互いにぶつからない位置にある．それに対して B では水素が重なってぶつかっている．これを**立体反発**といい，分子を高エネルギー化（不安定化）する．図のグラフは C–C 結合軸周りの回転に伴う立体反発エネルギーの変遷を示したものである．安定型と不安定型のエネルギー差は 12 kJ/mol ほどである．

これくらいのエネルギーでは二つの異性体を違う物質として分離しようとしても，室温の熱エネルギーに比べて二つの異性体を隔てるエネルギー障壁が低いため，分離することは不可能である．しかし，C–C 結合軸周りの回転は，何の抵抗もなく回転するのではなく，カチッカチッというような回転だということは記憶すべきことである．

2 シクロヘキサン

図 2-11 はシクロヘキサンを分子模型のステレオ図で示したものである．シクロヘキサンには**いす形**と**舟形**の 2 種がある．舟形は両方のへさきで向かい合った 2 個の水素による立体反発のためにいす形より不安定である．しかし，これらは C–C 結合軸の回転に伴う回転異性体であり，分離することはできない．

いす形ではシクロヘキサン骨格を車輪と見たて，図にカゲをつけた水素は車輪の軸方向（axial），白い水素は水平方向（equatorial）にあるとして，それぞれ**アキシアル水素**，**エクアトリアル水素**ということがある．

回転異性体

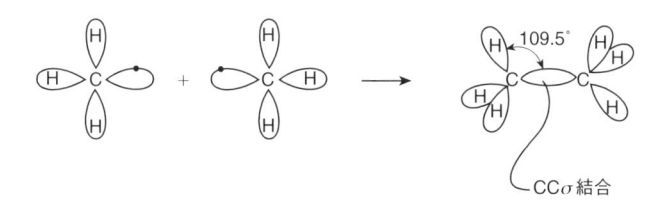

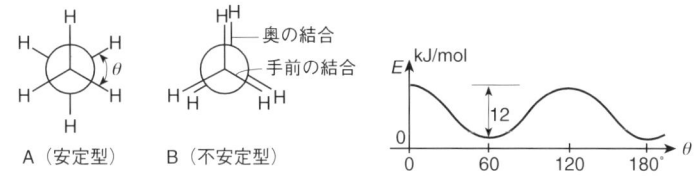

A（安定型） B（不安定型）

ニューマン透視図

図 2-10

シクロヘキサン

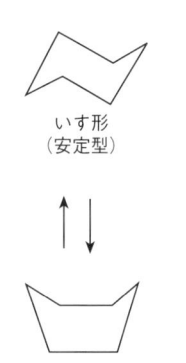

いす形
（安定型）

舟形
（不安定型）

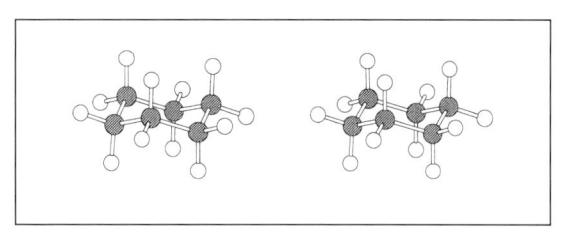

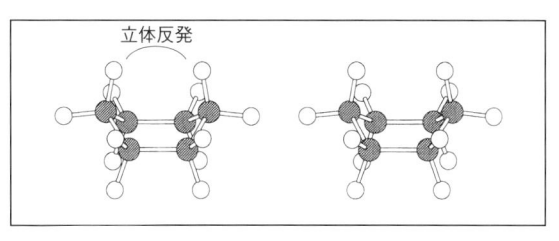

立体反発

[深澤義正, 笛吹修治, はじめて学ぶ大学の有機化学,
p.40, 図 2.21, p.41, 図 2.22, 化学同人 (1997)]

図 2-11

3 光学異性体

　右手を鏡に映すと左手と同じである．しかし，右手と左手は違う手である．このように右手と左手は互いに鏡像の関係にある．2個の分子が互いにこのような関係にあるとき，この分子は互いに**光学異性体**であるという．

　図 2-12B のように，1個の炭素原子についた 4個のグループがすべて異なる場合にはこのような現象が生じ，この炭素にアスタリスクを付けて**不斉炭素**と呼ぶことがある．図に示したのはアミノ酸であり，アミノ酸にはこのような光学異性体が存在するが，（地球上の）生物にあってタンパク質を構成するアミノ酸は，このうち，一方の異性体のみである．すなわち，生物は一組の光学異性体のうち，片方の分子のみでできているのである．なぜそうなのかはだれにも説明できない．宇宙の癖のようなものである．

　光学異性体は偏光の振動面（偏光面）を回転させる性質（旋光性）がある．これについては第 6 章第 5 節で詳しく説明する．

　光学異性体の関係は不斉炭素を持たない分子にも生じる．図 C はそのような例である．

column　サリドマイド

　40 年ほど前，睡眠薬が発売された．心地よい寝入りと心地よい寝覚めから世界中で広く愛用された．ところがとんでもない副作用が明らかになった．妊娠中の女性が服用すると手に奇形を持つ赤ちゃんが産まれる可能性のあることが明らかになったのである．アザラシ症候群と呼ばれたこの奇形は，その悲劇性から世界中の注目を集め，サリドマイドは睡眠薬界から姿を消した．

　サリドマイドの構造は図 C-2 に示したものである．光学異性体が存在する．これが悲劇の元であった．異性体のうち，構造 A は催眠性を持つが，構造 B が催奇形性を持っていたのだ．

　それなら，純粋な A を合成すれば安全な睡眠薬になるはずである．合成有機化学者の出番である．しかし，問題は単純ではなかった．体内に入ると一定時間後には A の一部は B に変化し，B の一部も A に変化することがわかったのだ．

　サリドマイドは今，がん，エイズ，ハンセン病に高い治療効果のあることがわかり，医療現場で再度注目されている．催奇形性がわかった上での細心の注意を払っての使用再開である．

光学異性体

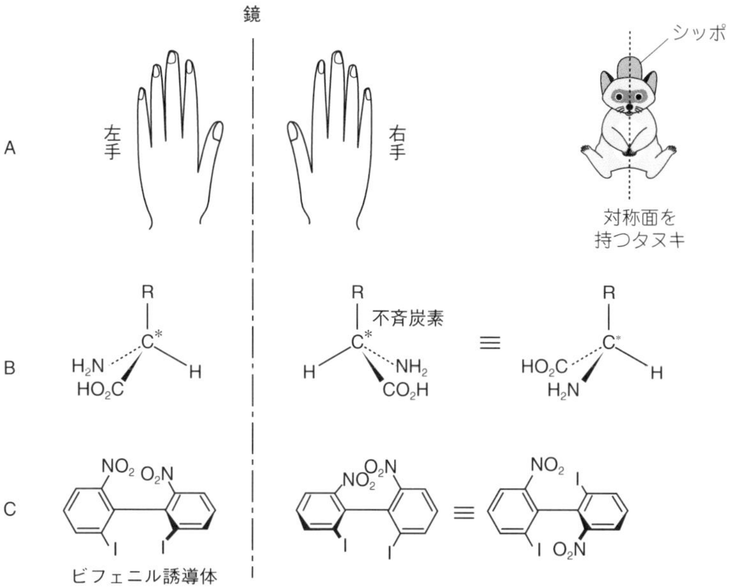

A 左手 鏡 右手　　　シッポ / 対称面を持つタヌキ

B 構造式（不斉炭素 C*、R, H₂N, H, HO₂C 等）

C ビフェニル誘導体（NO₂, I 置換）

図 2-12

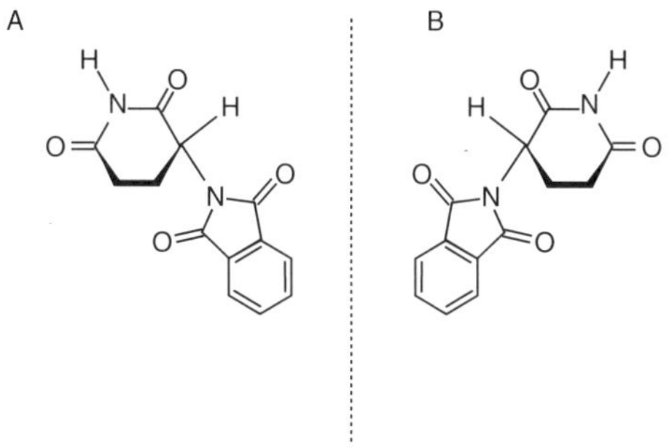

図 C-2　A, B（サリドマイド構造）

第7節◆立体構造の異なる立体異性

3章 有機化合物の結合

有機化合物を構成する結合の大部分は共有結合である．しかし，共有結合は微妙に変化する．結合する原子の種類，隣に来る結合の種類，分子の中に占める位置，などによっていろいろの様相を帯びてくる．

第1節 混成軌道

有機化合物の特徴は，炭素原子が混成軌道を使っていることである．第 1 章第 2 節で見たように炭素原子は 1s，2s，2p 軌道に 6 個の電子を収容している．この状態を特に原子価状態ということがある．混成軌道とは，炭素原子がもともと持っているこれらの軌道のうち，2s 軌道と 3 本の 2p 軌道を適当な割合で混ぜて作った，新しい軌道のことである．それは，牛肉と豚肉を混ぜて合いびきのハンバーグを作るのに似ていなくもない．

1 混成軌道の形

図 3-1A は 1 本の 2s 軌道と 1 本の 2p 軌道が混ぜ合わされて，新しい 2 本の混成軌道ができるようすである．**混成軌道は原料となった軌道と同じ数だけできる**．この場合，原料は 2s と 2p の 2 本なので，できる混成軌道も 2 本である．その形は一方向に大きく突出した形となっている．これは強固な結合を作るのに都合のよい形である．本書ではこの混成軌道を太線で書くことにする．

図 B は 2 本の混成軌道の方向を表す．原料の 2p 軌道は p_x 軌道であった．これは $+x$，$-x$ 方向に伸びた軌道である．2s 軌道は球形であり，方向性を持たない．したがってこの 2 本の軌道からできた混成軌道は p_x 軌道の性質を反映し，x 軸方向に伸び，1 本は $+x$ に，もう 1 本は $-x$ 方向に伸びることになる．

2 混成軌道のエネルギー

図 C はエネルギー関係を表す．**混成軌道のエネルギーは原料軌道のエネルギーの平均となる**．それは冒頭の絵の合びきハンバーグの値段のようなものである．このケースなら，2s 軌道エネルギーと 2p 軌道エネルギーのちょうど中間のエネルギーとなる．

有機化合物の結合

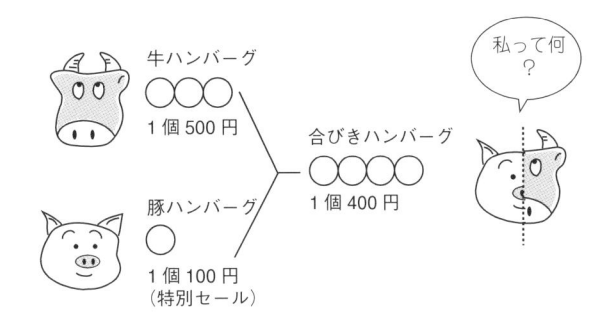

牛ハンバーグ
1 個 500 円

豚ハンバーグ
1 個 100 円
(特別セール)

合びきハンバーグ
1 個 400 円

私って何？

混成軌道

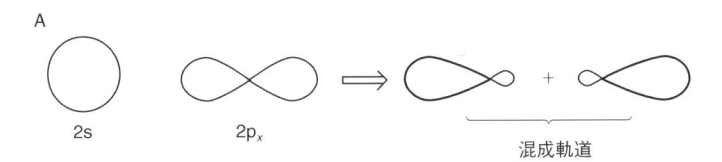

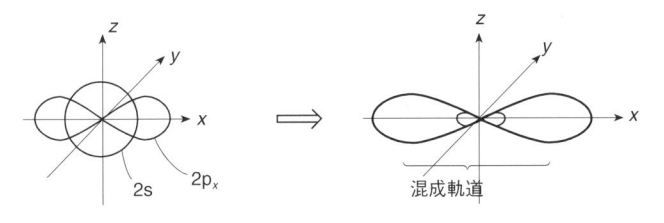

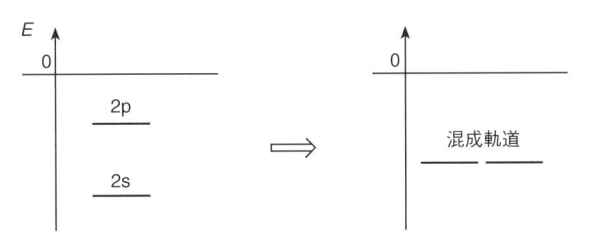

A
2s　　2p$_x$　⇒　混成軌道

B
2s, 2p$_x$　⇒　混成軌道

C
E　2p　2s　⇒　混成軌道

図 3-1

第2節 sp³ 混成軌道の結合

有機分子の基本骨格を作る混成軌道であり,アルカンを構成する炭素原子はすべて sp³ 混成である.読み方はエスピースリーである.文字 s,p は小文字で書き,3 は右肩に小さく書くことになっている.

1 sp³ 混成軌道

sp³ 混成軌道は図 3-2A に示したように,1 本の 2s 軌道と 3 本の 2p 軌道を原料として再編することでできた軌道であり,全部で 4 本ある.sp³ の 3 は p 軌道を 3 本使っているとの意味である.このように,混成軌道は,原料に使った軌道の本数と同じだけの本数ができる.**sp³ 混成軌道のエネルギーは合びきハンバーグのたとえで示したように,原料軌道エネルギー,1 本の 2s 軌道と 3 本の 2p 軌道,の重み付き平均である.**

図 B は,原子価状態での炭素原子の電子配置と sp³ 混成状態の炭素の電子配置を比較して示したものである.**4 本の sp³ 混成軌道に 1 個ずつの電子が入る**ことになる.

4 本の sp³ 混成軌道の形はすべて等しい.しかし,方向は異なる.sp³ 混成軌道の場合には,図 C に示したように,**各軌道が正四面体の頂点方向を向くことになる.したがって,軌道間の角度は 109.5°となる.**これは海岸の護岸に使われるテトラポッドの形である.

2 メタン

sp³ 混成軌道を使った有機分子の代表例はメタンである.図 3-3 に示したように 4 本の sp³ 混成軌道と 4 個の水素原子が結合する.各結合は炭素原子から来た電子と水素原子から来た電子によって構成された共有結合である.したがって 4 本の CH 結合はすべて等しく,その角度は 109.5°である.メタンは sp³ 混成軌道の形を忠実に反映した正四面体型の分子である,ということになる.

メタンの形は立方体を用いても表される.立方体の中心に炭素原子を置き,立方体の八つの頂点に,一つ置きに水素原子を置くとメタンになる.

sp³混成軌道

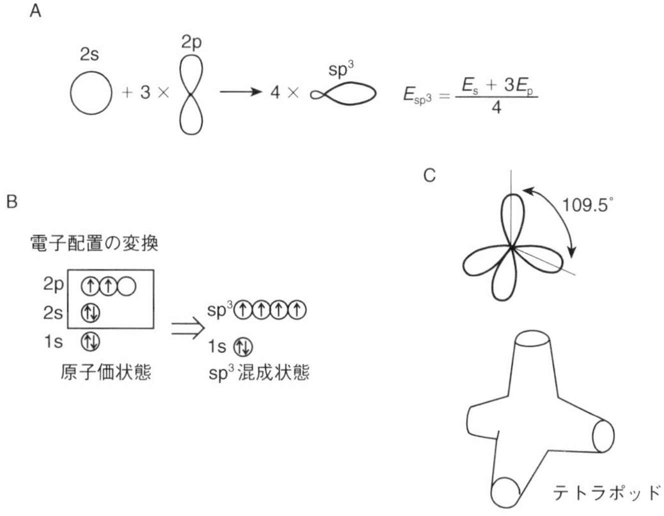

A

$$E_{sp^3} = \frac{E_s + 3E_p}{4}$$

B

電子配置の変換

2p / 2s / 1s

原子価状態 → sp³混成状態

C

109.5°

テトラポッド

図 3-2

メタン

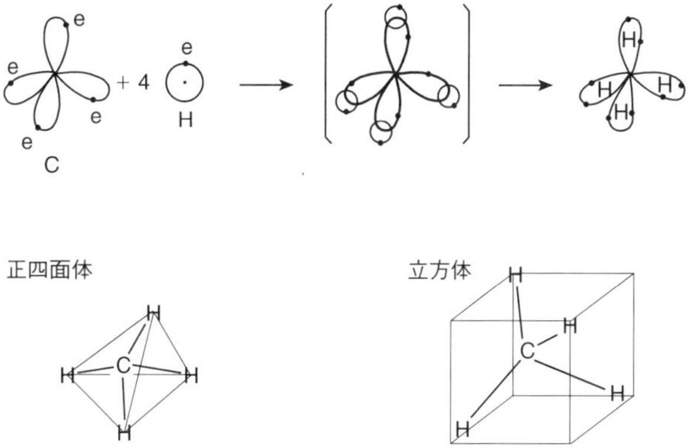

正四面体　　立方体

図 3-3

第3節 σ結合とπ結合

有機化合物の結合の特色の一つは二重結合，三重結合という不飽和結合の存在である．不飽和結合が有機化合物の性質を複雑にし，有機化学を魅力的な学問にしているといっても過言ではない．飽和結合を作るのがσ結合であり，不飽和結合を作るのがπ結合である．σ結合もπ結合も共有結合の一種である．

1 σ結合

第1章第3節でp軌道には方向の違う3本の軌道があることを見た．図3-4Aでは3本のp軌道の各々を，印を付けて区別してある．ただ，図が込み入って見にくくなるのを避けるために，p軌道を実際よりも細く書いてある．

今，図Bのように，2個の原子Aがp_x軌道を重ね合わせるように結合したとする．2個のA原子は結合電子雲によって結合され，分子A_2になる．この結合電子雲をA−Aの結合軸周りにひねったとしても，何の変化も起こらない．このように，**結合軸周りにひねっても変化しない結合をσ結合という**．

図Cは炭素の混成軌道と水素の1s軌道の間の結合であり，図Dは2個の炭素の混成軌道どうしの間の結合である．これらの結合も結合軸（C−H，C−C）周りの回転によって影響されないからσ結合である．

σ結合は結合エネルギーが大きく，強固な結合であり，有機分子の骨格を形成する結合である．

2 π結合

図3-5は図3-4A図のp_z軌道を2本，結合距離を保って並べたものである．図Bはp軌道の形を実際のお団子型にして示したものである．2本のp軌道が接しているではないか．これはちょうど，2本のお団子が横腹を接してくっついているようなものである．これがπ結合といわれるものである．

図Bにおいてπ結合を分子軸A−Aの周りにねじってみると，横腹を接していたお団子は離れてしまう．すなわち**π結合はσ結合と違い，結合軸周りで回転すると切断される**．

π結合は単独で存在することはなく，σ結合といっしょになって二重結合，三重結合を形成するが，それについては次節で見よう．

σ結合

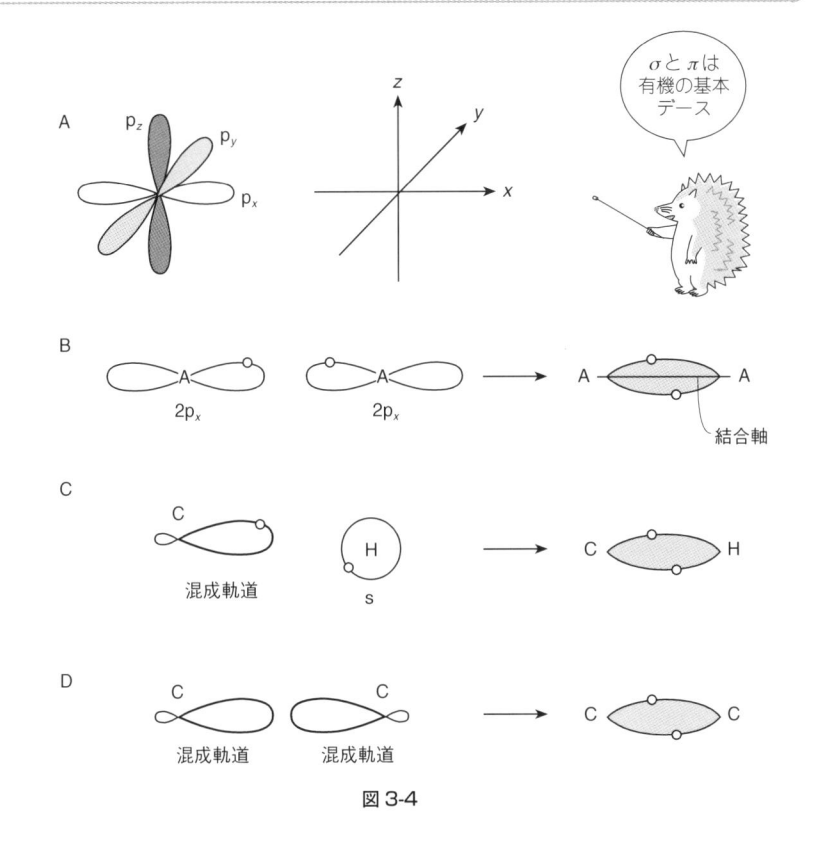

A p_z, p_y, p_x

σとπは有機の基本デース

B $2p_x$ $2p_x$ → A—A 結合軸

C 混成軌道 s → C—H

D 混成軌道 混成軌道 → C—C

図 3-4

π結合

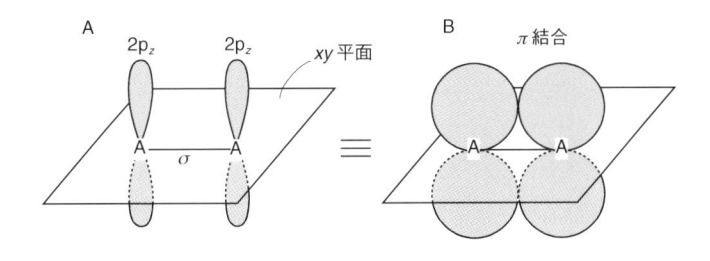

A $2p_z$ $2p_z$ xy平面 A—σ—A

B π結合 A—A

図 3-5

第3節◆σ結合とπ結合

第4節 sp² 混成軌道の結合

sp² 混成は有機化合物の性質，反応性に大きくかかわってくる混成である．

1 sp² 混成軌道

図 3-6A に示した sp² 混成軌道は，1 本の s 軌道と 2 本の p 軌道を原料とした軌道で全部で 3 本ある．

sp² 混成状態の電子配置を図 B に示した．ここで，決定的にたいせつなことがある．それは全部で 3 本ある 2p 軌道のうち，sp² 混成に使用されたのは 2 本だけである，ということである．**1 本の 2p 軌道は混成に関与せず，2p 軌道のまま残っているのである．それが p_z 軌道である．これが後に π 結合を作ることになる**．

3 本の混成軌道と，残った p_z 軌道の関係を図 C に示した．3 本の混成軌道は xy 平面に 120°の角度で並び，この平面を突き刺すようにして p_z 軌道が配置する．この図は後に有機化合物の構造，反応性を考える際の基本となる図である．しっかりと頭にプリントしておいていただきたい．

2 エチレン

sp² 混成軌道を使った分子の代表は，図 3-7 のエチレンである．エチレンの基本骨格は 6 個の構成原子を結びつける 5 本の σ 結合である．そのようすを図 A に示した．**2 個の sp² 混成炭素が xy 平面に置かれ，混成軌道を重ねて C–C σ結合を作る．4 個の水素原子はそれぞれの炭素原子の sp² 混成軌道と重なって C–H σ結合を作る**．このように分子の結合のうち σ 結合部分だけを取り出したものを **σ 骨格**ということがある．

図 B は σ 骨格を直線で表し，それに p_z 軌道を加えたものである．ここでは前節で見たように，2 本の p_z 軌道がまさしくお団子のように横腹を接している．π 結合が生成しているのである．

図 C は π 結合の電子雲を含めて，エチレンの全結合状態を表したものである．**π 電子雲はこのように分子面（xy 平面）の上下に分かれて存在する．この上下の電子雲がそろって初めて 1 本の π 結合になるのである**．

このように，**二重結合は σ 結合と π 結合とで二重に結ばれているのである**．

sp² 混成軌道

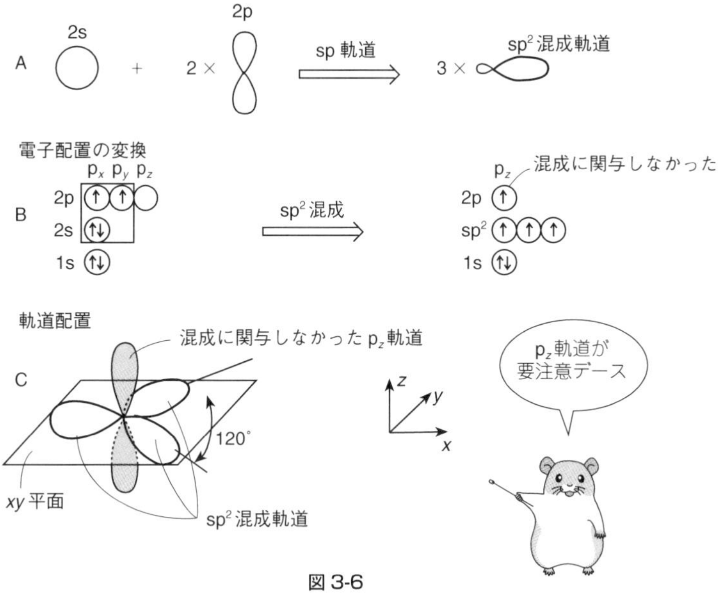

A: 2s ◯ + 2 × 2p ∞ ⟹ sp 軌道 ⟹ 3 × sp² 混成軌道

B: 電子配置の変換

	p_x p_y p_z
2p	↑ ↑ ◯
2s	↑↓
1s	↑↓

⟹ sp² 混成 ⟹

p_z 混成に関与しなかった
2p ↑
sp² ↑ ↑ ↑
1s ↑↓

C: 軌道配置

混成に関与しなかった p_z 軌道
120°
xy 平面
sp² 混成軌道

p_z 軌道が要注意デス

図 3-6

エチレン

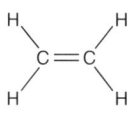

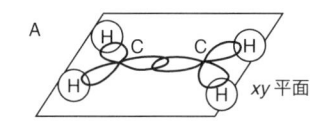

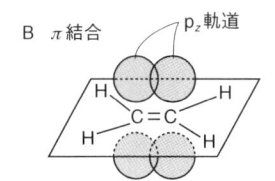

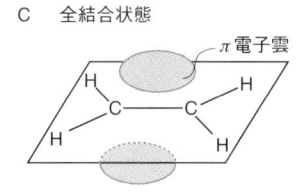

H₂C=CH₂ の構造式

A: xy 平面上の C-C 結合と H

B: π結合 — p_z 軌道

C: 全結合状態 — π電子雲

図 3-7

第4節◆sp² 混成軌道の結合

第5節 sp 混成軌道の結合

sp 混成軌道は主に三重結合を作るときの混成である.

1 sp 混成軌道

sp 混成のようすは図 3-8 に示したとおりである. たいせつな点は, 混成に関与しなかった p 軌道が p_y と p_z の 2 本あるということである.

2 本の sp 混成軌道と残った p_y, p_z 軌道の関係を図 C に示した. 混成軌道は一直線（x 軸）上に反対向きに配置する.

2 アセチレン

sp 混成軌道を使った化合物の代表はアセチレンである. 図 3-9A のように 2 個の sp 混成炭素が σ 結合し, そこに 2 個の水素が σ 結合して**直線状の σ 骨格**ができる.

問題は p_y, p_z 軌道である. 各々が π 結合を作る. そのようすが図 B に示してある. この場合, 4 本のお団子が 2 本ずつの組になって横腹を付けることになる. 当然, 平行な組が横腹を接する. p_y と p_y, p_z と p_z である. その結果, **互いに 90°の角度で交わった 2 本の π 結合が生成することになる**.

しかし, 結局, この 2 本の π 結合は互いに歩み寄って融合し, 円筒状の π 結合電子雲を構成するといわれている. そのようすを示したのが図 C である. 図 C はちくわにはしを刺して両端に豆をつけたようなものである.

3 一重結合, 二重結合, 三重結合

この節では一重結合, 二重結合, 三重結合の結合のようすを見てきた. どの結合も有機化合物の根幹を成すたいせつなものである. ここで, 各々の結合が σ 結合, π 結合のどのような組み合わせでできるかをまとめておこう.

一重結合は sp^3 で σ 結合
二重結合は sp^2 で σ 結合 + π 結合
三重結合は sp で σ 結合 + π 結合 + π 結合
呪文のように覚えておこう.

sp 混成軌道

A 2s ○ + 2p ∞ ⟹ sp混成 2× ⌀ sp混成軌道

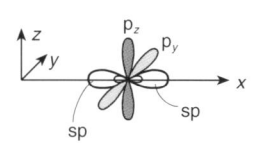

B 電子配置の変換

2p (↑)(↑)( ) p_x p_y p_z
2s (↑↓)
1s (↑↓)

⟹ sp混成

2p (↑)(↑) p_y p_z
sp (↑)(↑)
1s (↑↓)

C 軌道配置

図 3-8

アセチレン

H−C≡C−H

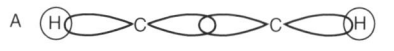

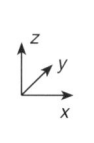

A (H)−C−C−(H)

B p_z に基づく π 結合
p_y に基づく π 結合

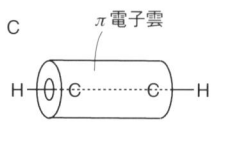

C π電子雲

図 3-9

一重結合, 二重結合, 三重結合

一重結合 = σ
二重結合 = $\sigma + \pi$
三重結合 = $\sigma + \pi + \pi$

図 3-10

第6節 共役化合物の結合

共役二重結合は，有機化合物の性質に大きく影響するたいせつな結合である．

1 エチレンとブタジエン

先に図 3-7 で見たようにエチレンは 2 個の sp^2 混成炭素の間で 2 本の p_z 軌道を用いて 1 本の π 結合を形成した分子である．

ブタジエンは図 3-11B に示すように，C_1-C_2，C_3-C_4 が二重結合の分子である．4 個の炭素原子は sp^2 混成であり，各々の炭素上には p_z 軌道のお団子が並んでいる．当然のこととしてこの 4 本のお団子はすべてが横腹を接することになる．**π 結合は C_1-C_2，C_2-C_3，C_3-C_4 の 3 箇所に存在する．**

したがって，C_2-C_3 も二重結合である．アレッ，図 B の構造式はまちがっている．そこで，C_2-C_3 間を二重結合に直したのが図 C である．しかし，この図もおかしい．C_2，C_3 の手の数が 5 本になっている．

このように，共役二重結合は，不合理な点を含んでいる．

2 π 結合の比較

表 3-1 はエチレンとブタジエンの π 結合を，その原料となる p 軌道の本数とともにまとめたものである．エチレンの π 結合は 1 本であるが，そのために 2 本の p 軌道を使っている．ブタジエンはどうだろう．π 結合は 3 本だが原料の p 軌道は 4 本である．エチレンと同じ π 結合を 3 本作ろうとしたら p 軌道は 6 本必要なはずではないか．

手抜き工事だ．π 結合が弱くなる．

まったくそのとおりである．**ブタジエンの π 結合は本来の π 結合の強さはない．** その関係を表に示した．ブタジエンの π 結合はエチレンの 2/3 である．したがってブタジエンの二重結合は二重ではなく，1 + 2/3 重結合である．これはしかし，C_2-C_3 間にもいえる．ここも一重結合ではなく 1 + 2/3 重結合なのである．

共役二重結合の一重結合と二重結合はともに，いわば 1 + 2/3 重結合というようなものなのである．しかし，その表記法は伝統的な上の図 B で表すことになっている．

共役分子のもう一つの代表，ベンゼンに対しても同様の考察をすれば，ベンゼンの 6 本の C-C 結合は 1 + 1/2 = 1.5 重結合ということになる．

エチレンとブタジエン

A $H_2C \stackrel{\pi}{=\!=\!=} CH_2$
     $\underset{1}{} \quad \underset{2}{}$

エチレン

B $H_2C \stackrel{\pi}{=\!=\!=} CH \stackrel{\pi}{-\!-\!-} CH \stackrel{}{=\!=\!=} CH_2$
     $\underset{1}{} \quad \underset{2}{} \quad \underset{3}{} \quad \underset{4}{}$

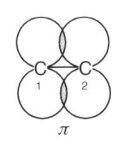

ブタジエン

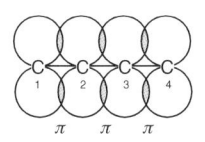

（πが不正確
2,3間のπが表記
されていない）

C $H_2C \stackrel{\pi}{=\!=\!=} CH \stackrel{\pi}{=\!=\!=} CH \stackrel{\pi}{=\!=\!=} CH_2$
     $\underset{1}{} \quad \underset{2}{} \quad \underset{3}{} \quad \underset{4}{}$

手の数が不正確
（C_2, C_3 の手が5本）

図 3-11

π結合の比較

	エチレン	ブタジエン	ベンゼン
p軌道	2	4	6
π結合	1	3	6
p軌道/π結合	2	4/3	1
強度（結合次数）	1	2/3	1/2
名称	局在π結合	非局在π結合（共役二重結合）	

表 3-1

結論は
一重と二重の中間
というコトデス

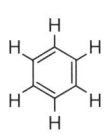

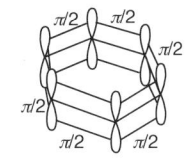

図 3-12

第7節 ヘテロ原子の結合

炭素，水素以外の原子をヘテロ原子ということがある．ここではヘテロ原子の関与する結合を見て行こう．

1 アンモニア

アンモニアを構成する窒素原子はメタンの炭素原子と同様に sp^3 混成をしている．窒素の原子価状態と sp^3 混成状態の電子配置を図 3-13A に示した．**混成軌道の 1 本に電子が 2 個入っている．このような電子を非共有電子対といい，結合には関与しない．**したがって窒素は 4 本の sp^3 混成軌道のうち，結合に参加できるのは 3 本だけということになる．

図 B はこの 3 本の混成軌道と 3 個の水素とからアンモニアができるようすを示す．アンモニア分子には結合に関与しなかった非共有電子対が存在することになる．分子の形は原子核を結んだ線で考えるので，アンモニアの形には非共有電子対の存在は考慮されない．したがってアンモニアの形は図 C に点線で示したように三角錐ということになる．

図 D にアミンの結合状態を示した．アミンはアンモニアの水素が適当な置換基で置換されたものと考えることができる．したがって**アンモニアと同様に H^+ を受けとることができるので塩基性である．**

2 水

図 3-14A に水を構成する酸素の電子配置を示した．この酸素も sp^3 混成であり，2 本の混成軌道に非共有電子対が入っている．その結果，酸素は 2 個の水素と結合し，**2 組の非共有電子対を持つ．**2 本の OH 結合と 2 組の非共有電子対は，基本的には正四面体の頂点方向を向き，互いにほぼ 109.5°の角度を持つと考えられる．第 1 章第 6 節に示した氷の結晶では，水分子は互いにこの角度を保って結晶を構成している．しかし，1 個の水分子では水素間が立体反発のために広がり，∠HOH は 111°となっている．

図 C，D にアルコールとエーテルの結合状態を示した．いずれも，水の水素がアルキル基で置換されたものとみなすことができる．

アンモニア

A Nの電子配置
$p_x\ p_y\ p_z$
2p (↑)(↑)(↑) $\xrightarrow{sp^3}$ sp³ (↑↓)(↑)(↑)(↑) 非共有電子対
2s (↑↓)
1s (↑↓)   1s (↑↓)

B N + 3 H ⇒ H-N-H(H) ≡ C 非共有電子対 三角錐

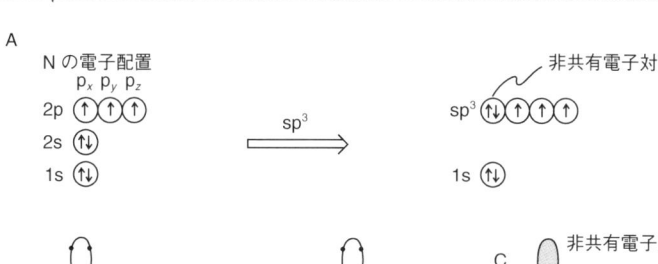

D アミン
R-N(H)(H) + H⁺ → R-N⁺(H)(H)(H) ≡ R-N⁺(H)(H)(H)

図3-13

水

A Oの電子配置
$p_x\ p_y\ p_z$
2p (↑↓)(↑)(↑) ⇒ sp³ (↑↓)(↑↓)(↑)(↑) 非共有電子対
2s (↑↓)   B 非共有電子対
1s (↑↓)   1s (↑↓)   H-O-H

アルコール   エーテル
C R-O-H   D R-O-R

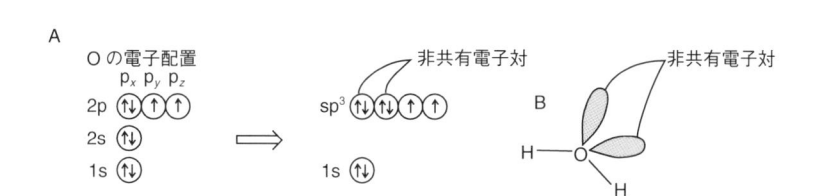

図3-14

第8節 ヘテロ原子の二重結合

第2章第5節の表 2-5 を見ると 7 個の官能基のうち，4 個にヘテロ原子の二重結合が含まれている．このように，ヘテロ原子の二重結合は分子の性質に大きな影響力を持っている．

1 C=O 二重結合

ケトン，アルデヒド，カルボン酸と呼ばれる化合物はすべて C=O 結合を含んでいる．C=O 結合は独特の性質と反応性を持つ．

C=O 結合では，炭素は sp^2 混成，酸素は原子価状態となっている．各々の電子配置を図 3-15A, B に示した．

この状態の原子から C=O 結合のできるようすを示したのが図 C である．炭素の 3 本の混成軌道のうち，2 本は CH 結合に使われるので，残る 1 本で CO σ 結合を構成する．酸素は 3 本の p 軌道のうち 1 本（p_y）は非共有電子対となっているので，残り p_x, p_z のうち，p_x を使って CO σ 結合を構成する．

さて，この結果炭素にも酸素にも p_z 軌道が残っているので，これを使って CO π 結合を作れば C=O 二重結合の完成となる．

このように，**C=O 二重結合には，π 結合に直角方向（直交）に非共有電子対が存在し，これが C=O 結合の性質に影響を与えている．**

2 C=N 二重結合

C=N 二重結合では炭素も窒素も sp^2 混成である．電子配置は図 3-16 に示したとおりである．窒素原子上の非共有電子対は混成軌道に入る．この両原子を C=O 結合と同様の手順で結合させると図 C の C=N 結合ができ上がる．注意すべき点は窒素原子上の非共有電子対である．繰り返すが，混成軌道に入っている．すなわち，C=N 結合では炭素原子，窒素原子と 3 個の置換基 R は同一平面にあり，この平面上に非共有電子対も存在する．

その結果が図 D に示した異性体の存在である．非共有電子対が R_2 と同じ側か，それとも R_1 と同じ側か，という問題である．この両者はまったく違う化合物である．これは第 2 章第 6 節で見た C=C 結合でのシス-トランス異性と同様の現象である．

C = O 二重結合

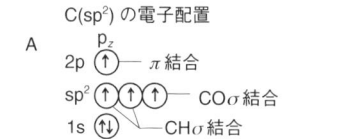

A　C(sp²) の電子配置
- 2p (↑) p_z ── π 結合
- sp² (↑)(↑)(↑) ── COσ 結合
- 1s (↑↓) ── CHσ 結合

B　O（原子価状態）の電子配置
- 2p (↑)(↑↓)(↑) p_x p_y p_z ── π 結合
- 2s (↑↓) ── 共有電子対
- 1s (↑↓) ── σ 結合

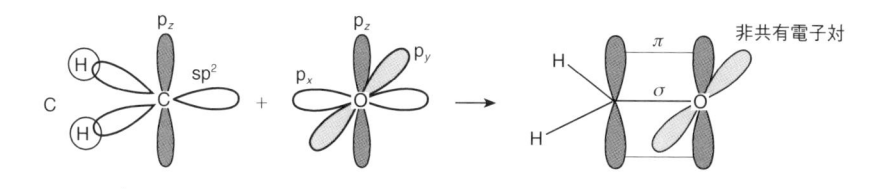

C　(C に H が 2 つ結合した sp² 混成軌道と p_z) + (O の p_x, p_y, p_z) → H₂C=O（π, σ, 非共有電子対）

図 3-15

C = N 二重結合

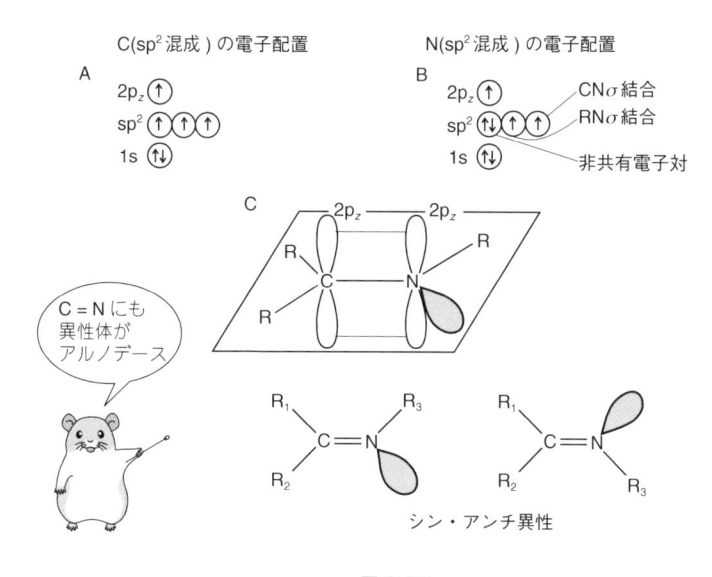

A　C(sp² 混成) の電子配置
- 2p_z (↑)
- sp² (↑)(↑)(↑)
- 1s (↑↓)

B　N(sp² 混成) の電子配置
- 2p_z (↑) ── CNσ 結合
- sp² (↑↓)(↑)(↑) ── RNσ 結合
- 1s (↑↓) ── 非共有電子対

C　R₂C=NR（2p_z どうしの π 結合）

（吹き出し）C = N にも異性体があるノデース

R₁R₂C=NR₃ の シン・アンチ異性

図 3-16

第 8 節 ◆ ヘテロ原子の二重結合

column ひずみのかかった化合物

　非常に無理のある構造の分子を高ひずみ化合物と呼ぶことがある．これらの分子の反応性や物性の研究は結合の本質を解明する上からも欠かせないものである．

　ベンゾシクロプロペンと呼ばれる **A** は，ベンゼン骨格とシクロプロペン骨格が縮合した形である．**B** に示したように，2 個の sp^2 混成炭素の結合角 120°を 60°にギューッと曲げた形であり，大きなひずみエネルギーを抱えている．しかし，安定な化合物であり，冷凍庫に保管するかぎり分解を心配する必要はないが，ニンニクとタマネギを足したようなにおいは，周りの人に嫌われる．似たような構造をナフタレン骨格に持ち込むこともできる．安定な無色無臭の結晶であるが，**C** のように 2 個の三員環を縮合したものは不安定であり，爆発性である．

　D はベンザインと呼ばれ，不安定で単離することはできないが，反応の途中段階で存在することが知られている．このようなものを不安定中間体と呼ぶ．**E** に示したように，直線状であるはずの三重結合を曲げた形であり，大きなひずみエネルギーを持っている．

　F は二重結合が三つ連続した形であり，その部分を取り出して示したのが **G** であり，このように何個かの二重結合が連続した化合物を一般にクムレンという．**F** は直線状のクムレンを曲げた形であり，不安定中間体の一種である．

　いずれの化合物も著者の研究室で研究対象としているものである．

# 第Ⅱ部 構造と性質

4章 分子軌道法

量子化学の方法論はシュレディンガーらにより 1930 年代に提出され，分子軌道法の理論もほぼ同年代に提出された．分子軌道をシュレディンガー方程式と呼ばれる計算式によって計算すると，分子のエネルギーや性質が定量的に得られることになる．このおかげで，有機化学も実験結果と理論的予測とを比較できることになり，大きく発展することになった．

第1節 原子軌道と分子軌道

分子軌道法は計算が複雑なため，計算の実行が困難だったが，近年のコンピュータの驚異的な発展のおかげで実用化されるようになった．

1 分子軌道

図 4-1A は 2 個の水素原子から水素分子 H_2 ができるようすを表す．各々の 1s 軌道に入って水素原子核の周りを回っていた 2 個の電子は，分子になると 2 個の水素原子核の周りを回ることになる．

1s 軌道は水素原子に属する軌道なので原子軌道（Atomic Orbital, AO, φ（ファイ））と呼ばれる．一方，分子になったことによって電子が入ることになった軌道は，分子に属する軌道なので分子軌道（Molecular Orbital, MO, ψ（プサイ））と呼ばれる．

図 B はエチレンの π 結合を表す．π 結合は 2 本の 2p 軌道からなる．ここでは π 結合の軌道（ψ）が分子軌道（MO）であり，2p 軌道（φ）が原子軌道（AO）である．

2 分子軌道計算

完全な分子軌道を求めることは理論的に不可能である．分子軌道法では，分子軌道を原子軌道を使って近似する．ψ は φ の適当な関数として表される．

実際には，ψ を適当な係数 a, b を用いた線形結合 $\psi = a\varphi_1 + b\varphi_2$ で表し，係数 a, b を分子軌道計算によって求める．

分子軌道法

原子軌道と分子軌道

図 4-1

第2節 結合性と反結合性

　分子軌道法は化学に各種の新しい考えや計算量を産みだし，それによって化学理論は定性から定量へと大きく前進した．有機化学も同じであり，非局在化エネルギー，電子密度，結合次数など，有機化学に欠かせない考えを獲得した．
　その中でも，特にたいせつな考えに，反結合性という考えがある．結合性と反結合性．ここではこの考えを見て行こう．

1 原子軌道関数

　図 4-2 は前に見た図とよく似ている．第 1 章第 3 節の図 1-5 である．しかしよく見ると違っている．図 4-2 ではお団子に + - が付けてある．第 1 章第 3 節で見たように，**軌道関数は関数だからプラスマイナスがあり，それを二乗したものが電子の存在密度を表し，それを図示したものが図 1-5 であった．**
　図 4-2 は軌道関数を図示したものである．符号に注意しよう．s 軌道関数は全領域でプラスであるが，3 本の 2p 軌道はいずれもお団子の片方はプラスだがもう片方はマイナスになっている．結合や反応性を考えるときにはこのプラスマイナスが大きな意味を持ってくる．

2 安定な結合性と不安定な反結合性

　図 4-3 は 2 本の 2p 軌道，A と B が π 結合を形成するときの図である．第 3 章第 3 節で見たように 2 本のお団子（2p 軌道）が横腹をつけて結合する．問題はお団子の符号である．図右下では同じ符号のお団子が接している．それに対して右上では違う符号のお団子が接している．軌道 B が逆立ちして接している形になっている．
　それぞれの接し方（相互作用）を**結合性相互作用**，**反結合性相互作用**と呼び，その結果できた分子軌道をそれぞれ**結合性軌道（bonding orbital）**，**反結合性軌道（antibonding orbital）**と呼ぶ．
　結合性軌道はエネルギーの低い安定な軌道であり，結合を作る方向に働く．それに対して反結合性軌道はエネルギーの高い不安定な軌道であり，結合を壊す方向に働く．反結合性軌道と呼ばれる所以である．

原子軌道関数

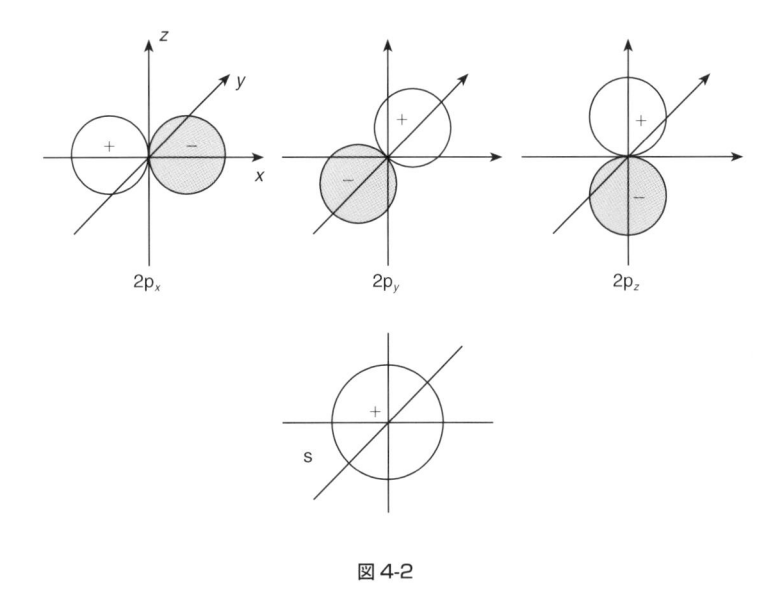

図 4-2

安定な結合性と不安定な反結合性

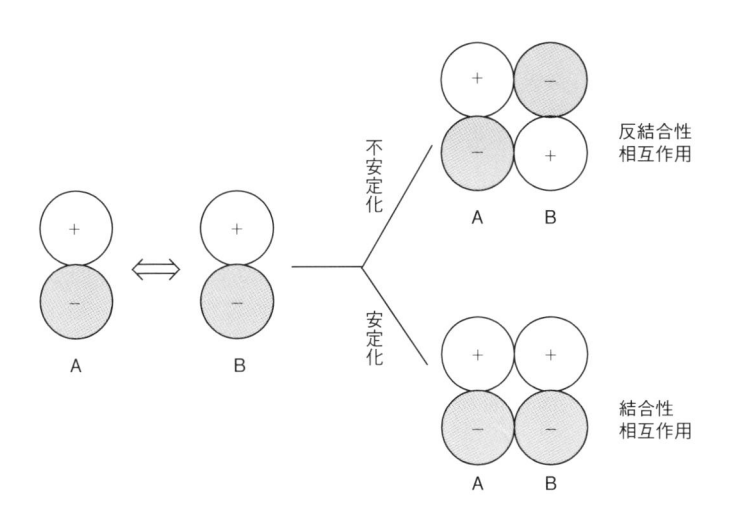

図 4-3

第3節 分子軌道関数と軌道エネルギー

分子軌道法による情報の基本となるのが軌道関数と軌道エネルギーである．

1 軌道エネルギー準位

図 4-4 のように，**分子軌道のエネルギーをその大小の順に従って表したものを軌道エネルギー準位と呼ぶ**．図はエチレンの π 結合のものであり，前章で見たように 2 本の 2p 軌道が相関して 2 本の軌道，結合性 π 軌道（π）と反結合性 π 軌道（π^*）軌道が生成したことを示す．

エネルギーは炭素の 2p 軌道のエネルギーを α とし，それを基準にして分子軌道のエネルギーを表す．π と π^* 軌道は原子軌道のエネルギー α より，ともに β だけ，安定化，不安定化されている．結合性軌道，反結合性軌道とはエネルギーが α よりそれぞれ低い，あるいは高い軌道を表す言葉である．

2 軌道関数

図 4-5 は π と π^* 軌道の軌道関数を表す．p 軌道を表す図につけた斜線は符号がマイナスを表す．結合性の π 軌道は原子軌道関数の和，反結合性の π^* 軌道は差となっている．一般に各炭素の原子軌道が分子軌道に寄与する割合は各分子軌道によって異なる．エチレンの場合には図 4-5 の式に示したように各々 $\sqrt{1/2}$ である．この数値を軌道の係数という．

3 電子配置と π 結合エネルギー

原子軌道と同様，分子軌道にも 2 個の電子が入ることができる．電子が軌道に入るときの規則は第 1 章第 2 節で見たものと同じである．エチレンの π 結合を構成する π 電子（p 軌道の電子）は 2 個であるから，それをエネルギーの低い結合性軌道に入れたのが図 4-6 である．

ここで，原子状態と π 結合を形成した後でのエネルギーを比較してみよう．原子状態では 2 個の電子は 2p 軌道にいたのだから，そのエネルギーは各々 α で合計 2α である．一方，π 結合ではエネルギーは各々 $\alpha + \beta$ で，合計 $2\alpha + 2\beta$ となる．**両者の差，2β は π 結合を作ることによって安定化したエネルギーである**．これが π 結合エネルギーである．

軌道エネルギー準位

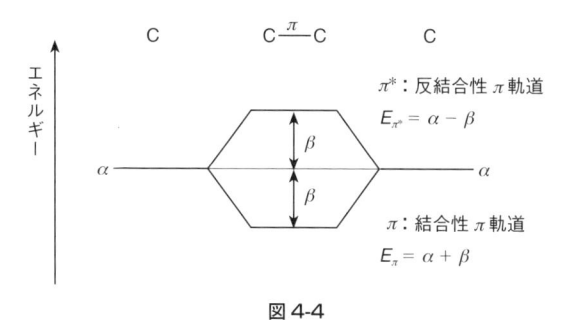

C　　C$\xrightarrow{\pi}$C　　C

π^*：反結合性 π 軌道
$E_{\pi^*} = \alpha - \beta$

π：結合性 π 軌道
$E_\pi = \alpha + \beta$

図 4-4

軌道関数

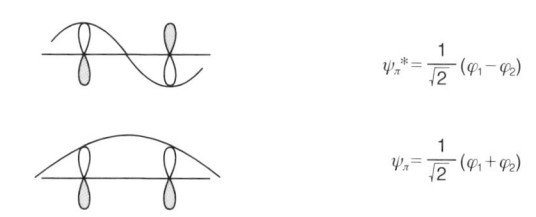

$$\psi_\pi^* = \frac{1}{\sqrt{2}}(\varphi_1 - \varphi_2)$$

$$\psi_\pi = \frac{1}{\sqrt{2}}(\varphi_1 + \varphi_2)$$

図 4-5

電子配置と π 結合エネルギー

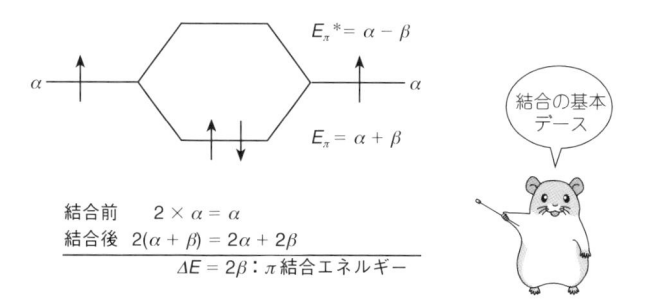

$E_{\pi^*} = \alpha - \beta$

$E_\pi = \alpha + \beta$

結合前　$2 \times \alpha = \alpha$
結合後　$2(\alpha + \beta) = 2\alpha + 2\beta$
$\Delta E = 2\beta$：π 結合エネルギー

図 4-6

結合の基本デース

第4節 共役化合物の分子軌道

共役二重結合は分子の性質に大きな影響を与えるが，分子軌道法の威力はこの共役二重結合の取り扱いにおいて発揮される．

1 共役二重結合

図4-7は共役化合物の典型，ブタジエンの構造と分子軌道である．

先に，エチレンのπ軌道の分子軌道関数を2本のp軌道の原子軌道関数を使って表した．同様に考えると，ブタジエンの共役二重結合を構成するのは4本のp軌道であるので，ブタジエンの分子軌道は4本のp軌道関数を使って表されることになる．

2 エネルギー準位と軌道関数

ブタジエンの結合では4本の原子軌道が関与するので分子軌道も4本生じる．

図4-8Aは軌道エネルギー準位を表す．原子軌道のエネルギーαを挟んで上下対称に4本のエネルギー準位が並ぶ．下の2本のエネルギーはαより低いのでは結合性であり，上の2本は反結合性である．

図Bは分子軌道関数を図示したものである．**8の字型の図は各炭素原子上の係数の大きさを相対的に表したものであり，カゲは符号がマイナスであることを表す．関数につけたA，Sの記号は，関数が鏡面（M）に対して対称（S：symmetry）か反対称か（A：asymmetry）を表す．**

3 電子配置と結合エネルギー

図4-9は電子配置を表す．各軌道には2個の電子しか入れないから，ブタジエンの4個のπ電子は2本の結合性分子軌道に入ることになる．

エチレンの場合と同様にして，ブタジエンを構成する4個の炭素原子がばらばらの原子状態でいたときと，π結合を構成したときとでエネルギーを比較すると，π結合を形成したほうが4.472βだけ安定なことがわかる．これがブタジエンのπ結合エネルギーとなる．

共役二重結合

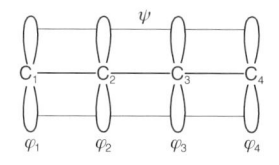

ブタジエン

ψ : π 軌道関数
φ_m : C の 2p 軌道関数

図 4-7

エネルギー準位と軌道関数

A
E_4 —— $\alpha - 1.6182\beta$ ⎫
E_3 —— $\alpha - 0.6182\beta$ ⎭ 反結合性軌道

α ············

E_2 —— $\alpha + 0.6182\beta$ ⎫
E_1 —— $\alpha + 1.6182\beta$ ⎭ 結合性軌道

B

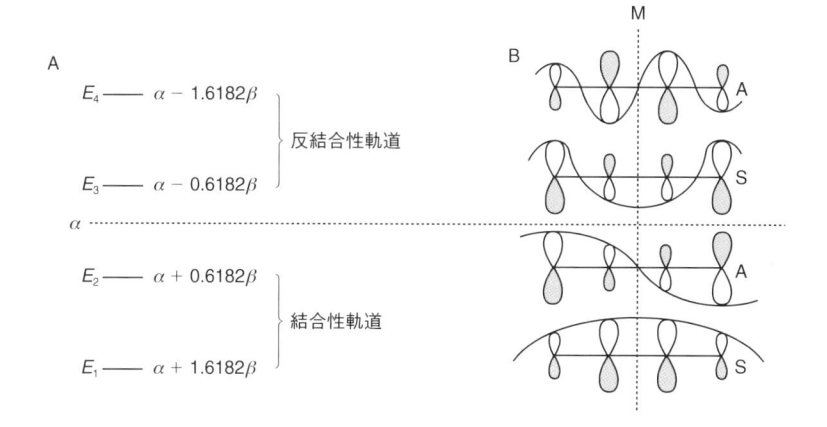

図 4-8

電子配置と結合エネルギー

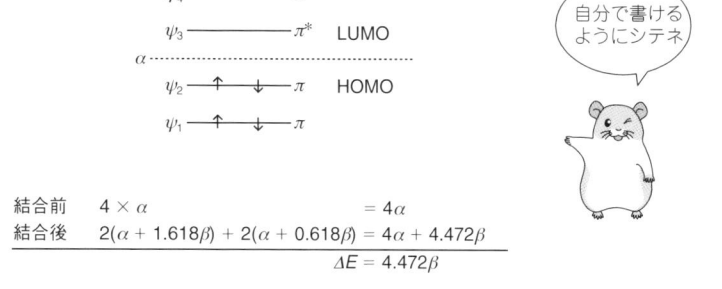

ψ_4 —————— π^*
ψ_3 —————— π^* LUMO
α ············
ψ_2 ↑ ↓ — π HOMO
ψ_1 ↑ ↓ — π

自分で書けるようにシテネ

結合前　$4 \times \alpha$ 　　　　　　　　　$= 4\alpha$
結合後　$2(\alpha + 1.618\beta) + 2(\alpha + 0.618\beta) = 4\alpha + 4.472\beta$
　　　　　　　　　　　　　　　　　$\Delta E = 4.472\beta$

図 4-9

第 4 節 ◆ 共役化合物の分子軌道

第5節 共役の長さと軌道エネルギー

共役二重結合には長いものも短いものもある．共役二重結合の長さが分子軌道のエネルギーにどのように影響するかを見てみよう．

1 直鎖共役系一般

図 4-10 は，n 個の炭素からなる共役系の軌道エネルギーを簡便に求める方法である．

中心を α に置いた半径 2β の半円を描く．この中心角 (180°) を $n + 1$ に等分すると，その接点の高さが軌道エネルギーを与える．試しにエチレンでやってみると，図 4-11A のようにエチレンは 2 個の炭素からなる系だから $n = 2$ となる．180°/3 = 60°であり，したがって接点の高さは $\alpha + \beta$ と $\alpha - \beta$ となり，第 3 節の結果と一致する．

2 HOMO と LUMO

電子が入っている軌道の中で最もエネルギーの高い軌道を最高被占軌道（Highest Occupied Molecular Orbital, HOMO）といい，電子が入っていない軌道のうちで最もエネルギーの低い軌道を最低空軌道（Lowest Unoccupied Molecular Orbital, LUMO）という．

ブタジエンに例をとれば，図 4-9 に示したとおりである．前項の説明から，図 4-11B に示したようにHOMO と LUMO の間のエネルギー差 ΔE は，共役が長くなれば長くなるほど小さくなることがわかる．

> **column　分子軌道の名前**
>
> エネルギーが α より低いか高いかによって結合性軌道，反結合性軌道と呼ばれることを見た．それではちょうど α に等しいエネルギーを持つ軌道は何と呼ばれるのだろう．非結合性軌道（nonbonding orbital, n 軌道）である．第 3 章第 8 節の C=O 二重結合を構成する酸素原子の非共有電子対は p 軌道に入っていた．したがってこの p 軌道は n 軌道と呼ばれることがある．
>
> 電子が 1 個しか入っていない軌道もありうる．このような軌道は SOMO（singly occupied molecular orbital）と呼ばれる．

直鎖共役系一般

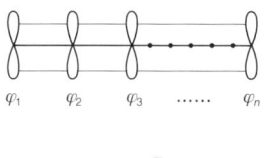

$$\theta = \frac{\pi}{n+1}$$

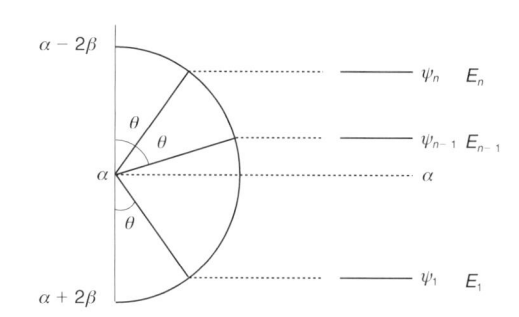

図 4-10

HOMO と LUMO

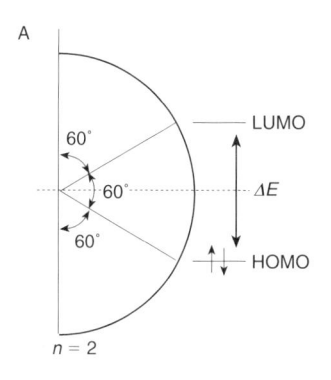

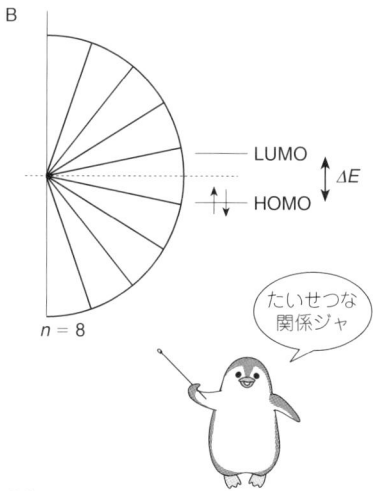

図 4-11

第6節 環状共役系の分子軌道

共役系には環状構造のものもある．芳香族化合物を含むこの系は有機化合物のたいせつな一群を構成する．ここで，これらの系の軌道エネルギーがどのように表されるかを見てみよう．

1 ベンゼン

ベンゼンは環状共役系の代表であり，芳香族化合物の代表でもある．図 4-12A はベンゼン共役系を構成する 6 本の p 軌道を示したものであり，左図はそれを立体的に表している．右図はベンゼンを真上から見た図であり，各 p 軌道は炭素原子上の丸で表されることになる．

図 B はベンゼンの軌道エネルギー準位であり，図 C はそのエネルギーに対応する軌道関数を図示したものである．白丸黒丸はそれぞれ各炭素上の係数の符号の正負を表す．同じエネルギーの軌道が 2 組存在することがわかる．このように，**同じエネルギーの軌道を互いに縮重しているといい，各々を縮重軌道という**（図1-2の3 本の p 軌道も互いに同じエネルギーなので縮重軌道である）．

2 環状共役系一般

図 4-13 は環状共役化合物の軌道エネルギー準位を簡便に求める方法を図示したものである．

高さ α を中心に半径 2β の円を描く．この円に内接するように環状化合物を正確に作図すると，その接点の高さが軌道エネルギーを与えるというものである．たいせつな点は，頂点の一つを必ずいちばん下とする，ということである．自動的にこの頂点の高さは $\alpha + 2\beta$ となる．すなわち，環状共役化合物には必ずエネルギー = $\alpha + 2\beta$ の軌道が存在するのである．

図 D は前項で求めたベンゼンのエネルギーである．いちばん安定な軌道が $\alpha + 2\beta$，次が $\alpha + \beta$，その次が $\alpha - \beta$，いちばん高エネルギーな軌道は $\alpha - 2\beta$ であることがわかる．

いくつかの例を図に示した．前項で見た縮重軌道がどの化合物にも存在していることがわかる．

ベンゼン

A

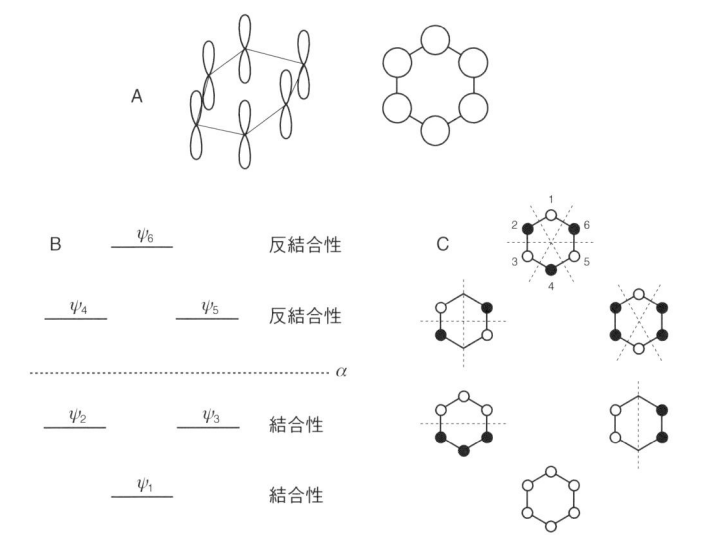

B
- ψ_6 反結合性
- ψ_4　ψ_5 反結合性
- ·········· α
- ψ_2　ψ_3 結合性
- ψ_1 結合性

C

図 4-12

環状共役系一般

A
- $\alpha - \beta$
- α
- $\alpha + 2\beta$

B
- $\alpha - 2\beta$
- α
- $\alpha + 2\beta$

C
- $\alpha - 1.618\beta$
- α
- $\alpha + 0.618\beta$
- $\alpha + 2\beta$

D
- $\alpha - 2\beta$
- $\alpha - \beta$
- α
- $\alpha + \beta$
- $\alpha + 2\beta$

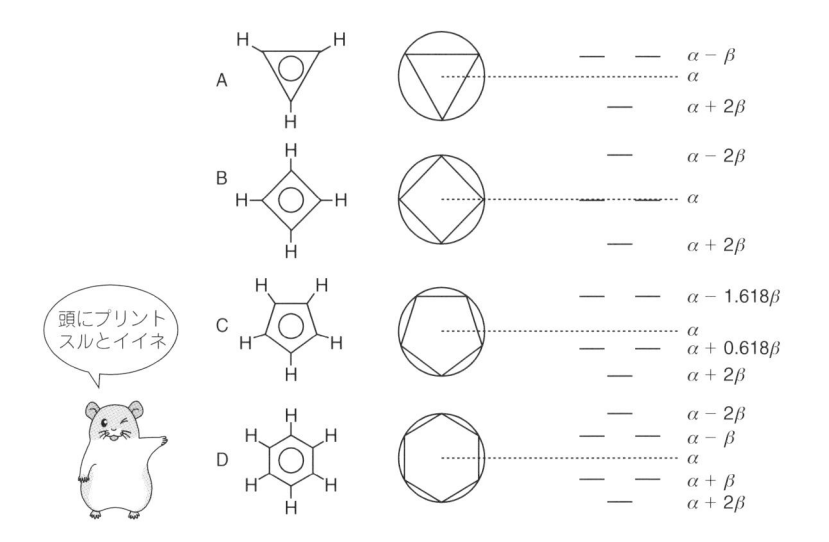

頭にプリントスルとイイネ

図 4-13

第7節 反応性指数

　軌道エネルギー，軌道関数に並んで分子軌道法が与えてくれる大きな情報に反応性指数がある．典型的な反応性指数は非局在化エネルギー，電子密度，結合次数などである．

1 π結合エネルギー

　先に図 4-6 でエチレン，図 4-9 でブタジエンの π 結合エネルギーを求めた．図 4-9 では当然のこととして，ブタジエンの結合は全分子に広がる共役二重結合であるとして計算した．

　もし，ブタジエンの結合が共役二重結合でないとしたらどうだろう．図 4-14B のように，ブタジエンは C_1C_2，C_3C_4 間だけが二重結合で C_2C_3 間は一重結合だとするのである．**このような状態を二重結合が局部的に存在しているので局在型という．それに対して図 A を非局在型という．**

　局在型のブタジエンとは何だろう．これは 2 個のエチレンが結合したものではないか．してみれば 2 本の π 結合の性質はエチレンと同じであり，当然 π 結合エネルギーもエチレンと同じであろうと考えられる．してみればこの仮想的状態のブタジエンの π 結合エネルギーはエチレン 2 個分．すなわち 4β ということになる．これは非局在型で求めた値（4.472β）と異なる．

2 非局在化エネルギー

　両者を比べると非局在型のほうが 0.472β だけ安定なことがわかる．この差は，ブタジエンが非局在化することによって安定化したエネルギーである．ブタジエンは局在化しているより，非局在化したほうが安定になれるのである．だからブタジエンは非局在化していたのである．一般に，**分子は非局在化したほうがエネルギー的に有利になる．**

　式 (4-1) で表したこのエネルギーを非局在化エネルギーと呼ぶ．

　非局在化エネルギーに相当する実験値は共鳴エネルギーである．図 4-15 は両者の関係を表したものである．縦軸の共鳴エネルギーは実測値であり，横軸の非局在化エネルギーは理論値である．非常によい直線関係がある．これが分子軌道法が分子の性質を定量的に予言するといわれる所以である．

π結合エネルギー

非局在型

A

分子全体に広がるπ結合

π結合エネルギー（非局在）= 4.472β

局在型

B

C_1C_2, C_3C_4 間にのみπ結合存在
π結合だけを考えればエチレン2分子と同じ

π結合エネルギー（局在）= $2 \times 2\beta = 4\beta$

図4-14

非局在化エネルギー

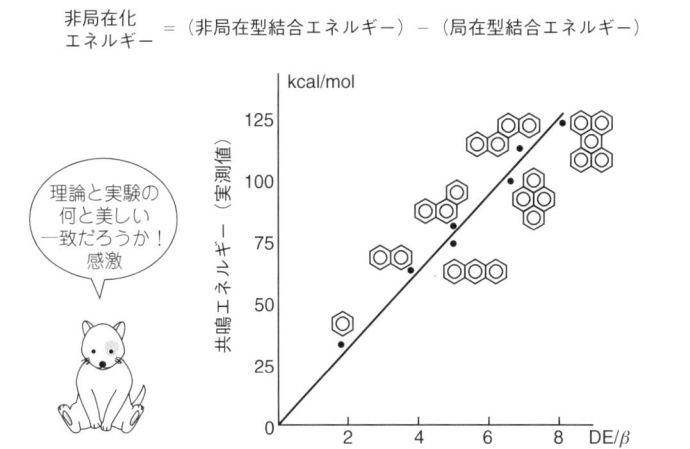

非局在化エネルギー =（非局在型結合エネルギー）-（局在型結合エネルギー） (4-1)

理論と実験の何と美しい一致だろうか！感激

[齋藤勝裕, 構造有機化学, p.110, 図15, 三共出版 (1999)]

図4-15

3 π電子密度(q_r)

　π結合を構成するπ電子がどの炭素上にあるかを表すのがπ電子密度である．もし，エチレンの2個のπ電子が図 4-16A のように各々の炭素 C_1，C_2 上に1個ずつあったとしたら，C_1，C_2 のπ電子密度 q_1，q_2 はともに1である．

　もし2個の電子が C_1 上にあって，C_2 には何もないのであれば $q_1 = 2$，$q_2 = 0$ ということになる．π電子はもともと各炭素原子に属していたのだから，各炭素原子は1個のπ電子を持った状態が中性状態である．したがって，このケースでは C_1 はマイナス，C_2 はプラスに荷電した極性状態ということになる．

　分子軌道法によれば，分子の電子密度を定量的に計算することができる．図Cはブタジエンに電子を1個付加してマイナスとしたブタジエンアニオンの電子密度である．**各炭素上の電子密度と元の1との差をとればその炭素がどれくらいプラスあるいはマイナスに荷電しているかがわかる．この数値を電荷分布という．**電荷分布を見ると主に両端の炭素がマイナスになっているが，中側の炭素も少しマイナスになっていることが定量的に示されている．

4 π結合次数(P_{rs})

　π結合次数 P_{ab} とは，炭素 C_a と炭素 C_b 間に形式的に何本のπ結合が存在するかを表す数値である．例えば，エチレンの C_1C_2 間には1本のπ結合が存在する．このとき C_1C_2 間のπ結合次数は1であるという．

　それではブタジエンの各炭素間の結合次数はいくつになるのだろう．先に第3章第6節でブタジエンのπ結合は各炭素間にほぼ 2/3 ずつ存在するとした．これは各炭素間のπ結合次数はほぼ 2/3 であるということを意味する．

　分子軌道法で計算した結合次数を図 4-17 に示した．すべての炭素間にπ結合が存在することを示している．そして，すべての C–C 結合が等価なのではなく，C_1C_2，C_3C_4 間には多くのπ結合が存在していることも示している．

　π結合次数が高いことは二重結合に近いことを表し，それだけ結合距離が短くなることを表す．結合距離の実測値と結合次数との相関を表したのが図 4-17 のグラフである．かなりよい直線関係が認められる．

　このように分子軌道法は分子の各種の性質を定量的に予言することに成功した．そればかりでなく，反応性をも正確に予言することに成功し，今や，分子軌道法的な手法抜きに有機化学の研究を行うことは不可能となった．

π電子密度 (q_r)

A $H_2\dot{C}_1-\dot{C}_2H_2$ B $H_2\ddot{C}_1-C_2H_2$ ($H_2\overset{-}{C}-\overset{+}{C}H_2$ に相当)

  $q_1=q_2=1$ $q_1=2, q_2=0$

C $(CH_2-CH-CH-CH_2)^-$

電子密度 $(H_2\overset{1.3618}{C}-\overset{1.1379}{CH}-\overset{1.1379}{CH}-\overset{1.3618}{CH_2})^-$

電荷分布 $(H_2\overset{-0.3618}{C}-\overset{-0.1379}{CH}-\overset{-0.1379}{CH}-\overset{-0.3618}{CH_2})^-$

図 4-16

π結合次数 (P_{rs})

$H_2C_1-C_2H_2$ $P_{12}=1$ となる．

$H_2C\overset{0.8942}{-\!-\!-}CH\overset{0.4473}{-\!-\!-}CH\overset{0.8942}{-\!-\!-}CH_2$

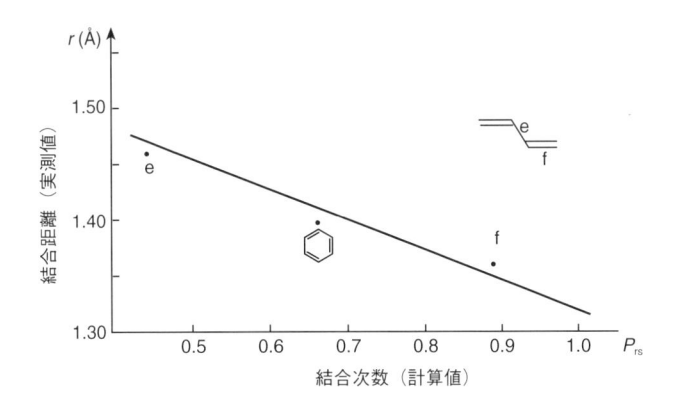

図 4-17

5章 構造決定

　メタンは正四面体型の分子であり，ベンゼンの構造は正六角形の平面形である，という．どうしてわかるのだろう．分子が顕微鏡で見えるとも思えないし（実は最近は分子も大きければ，はっきりとではないが顕微鏡で見えるようになってきたのだが），ベンゼンの結晶が六角形だとの話しも聞かない．
　分子の構造はスペクトルという分光学的な手法を用いて決定される．ここではいく種類かのスペクトルと分子構造の関係について見て行くことにしよう．

第1節 光とエネルギー準位

　スペクトルは光のエネルギーと分子との間の相互作用によって現れる．

1 光エネルギー

　光は電磁波である．電磁波は波の性質を持ち，そのエネルギー E は振動数 ν（ニュー）に比例する．$E = h\nu$．一方振動数 ν と波長 λ（ラムダ）の積は光の速度 c を与えるから，光のエネルギーは波長 λ に反比例することになる．$E = ch/\lambda$．

　人間の目に見える電磁波である可視（visible）光は波長 400 から 800 nm であり，波長の短い光は青く，長い光は赤く見える．波長が 400 nm より短い光を**紫外線**（ultraviolet, UV），800 nm より長い光を**赤外線**（infrared, IR）と呼び，ともに，スペクトル測定に利用される．

2 エネルギー準位

　先に第 4 章で分子に属する電子は分子軌道に収容され，各分子軌道はエネルギー準位で表される軌道エネルギーを持つことを見た．この軌道エネルギーは電子の持つエネルギーなので電子エネルギーといわれることがある．分子はそのほかに運動に基づくエネルギーも持ち，それらも量子化されている．振動に基づく**振動エネルギー**，回転に基づく**回転エネルギー**である．

　各エネルギーの関係を図 5-1 に示した．電子エネルギー間の間隔が最も大きく，回転エネルギー間の間隔は小さい．

構造決定

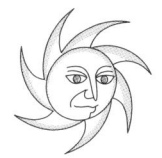

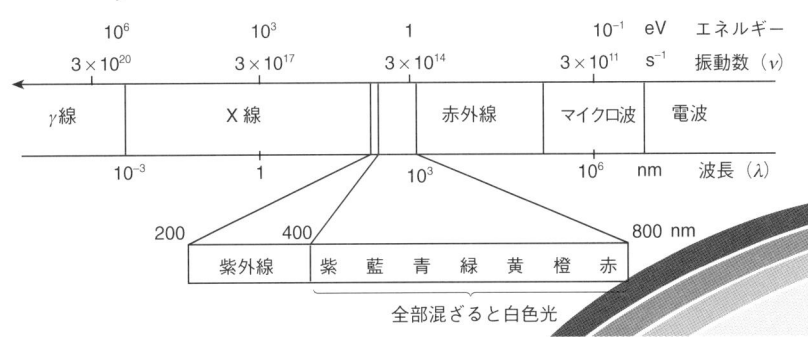

10^6	10^3	1		10^{-1} eV	エネルギー
$3×10^{20}$	$3×10^{17}$	$3×10^{14}$	$3×10^{11}$	s^{-1}	振動数 (ν)

← γ線 | X線 | | 赤外線 | マイクロ波 | 電波

10^{-3}　　　1　　　　10^3　　　10^6　nm　波長 (λ)

200　　400　　　　　　　　　　800 nm

紫外線 | 紫 藍 青 緑 黄 橙 赤

全部混ざると白色光

光とエネルギー準位

v_0

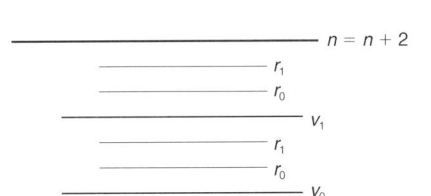

$n = n + 2$　電子エネルギー準位
r_1　　　　回転エネルギー準位
r_0
v_1　　　　振動エネルギー準位
r_1
r_0
v_0

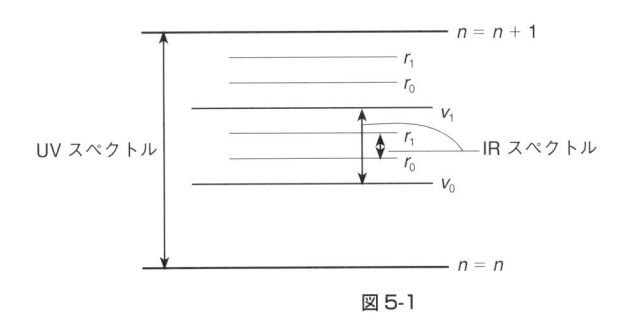

$n = n + 1$
r_1
r_0
v_1
r_1　　　IR スペクトル
r_0
v_0

UV スペクトル

$n = n$

図 5-1

第2節 UV スペクトルと共役系

波長 200 から 800 nm，紫外線から可視光の領域の電磁波を用いて測定するスペクトルを UV スペクトル（紫外可視吸収スペクトル）という．電子エネルギー準位の情報を与える．

1 UV スペクトル

図 5-2 は UV スペクトルの図である．横軸は波長であり，**縦軸は吸収強度（ε）と呼ばれる吸収係数であり，吸収の強さを表す．最も強い吸収の起こる波長を吸収極大波長という．**

2 電子遷移

図 5-3 は UV スペクトルの原理を表したものである．先に第 4 章第 3 節で見たように，分子に属する π 電子は分子軌道に属し，その配置のようすは図のとおりである．HOMO にいる電子に光が当たると，電子は光のエネルギーをもらって，もし十分なエネルギーがあれば上の LUMO へ移動する．このように**電子が軌道間を移動することを遷移という**．このときに吸収された光の波長を表すのが UV スペクトルである．

したがって図 5-2 のスペクトルを与える分子は 500 nm の光を最も多く吸収しているので，この分子の HOMO − LUMO 間のエネルギーは 500 nm の波長の光エネルギーに相当することになる．

3 共役長と吸収波長

先に図 4-11 で見たように，HOMO − LUMO 間のエネルギー差は共役系の長さと密接な関係にある．その関係を表したのが図 5-4 である．横軸は HOMO − LUMO 間エネルギー差を β 単位で表した理論値であり，縦軸は UV スペクトルでの実測値である．ただし，エネルギーに比例するように振動数で示してある．n は共役系を構成する二重結合の個数である．

両者によい相関関係のあることがわかる．これは UV スペクトルを解析すれば，その分子の共役系の長さがわかることを意味する．

エチレンのようにただ 1 個の二重結合なのか，ブタジエンのように 2 個なのか，はたまたカロテンのように 11 個なのか．これは大きな情報である．

UV スペクトル

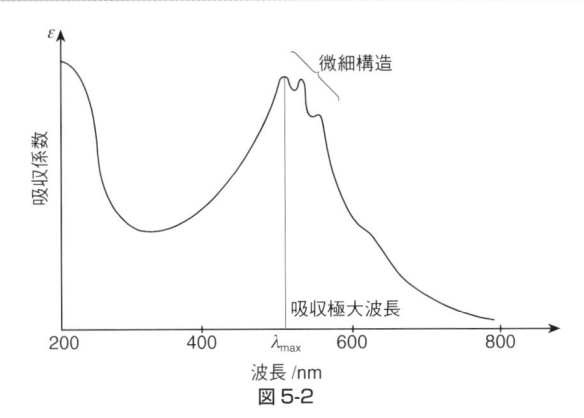

図 5-2

電子遷移

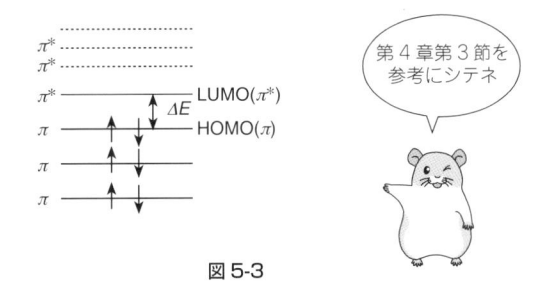

第 4 章第 3 節を参考にシテネ

図 5-3

共役長と吸収波長

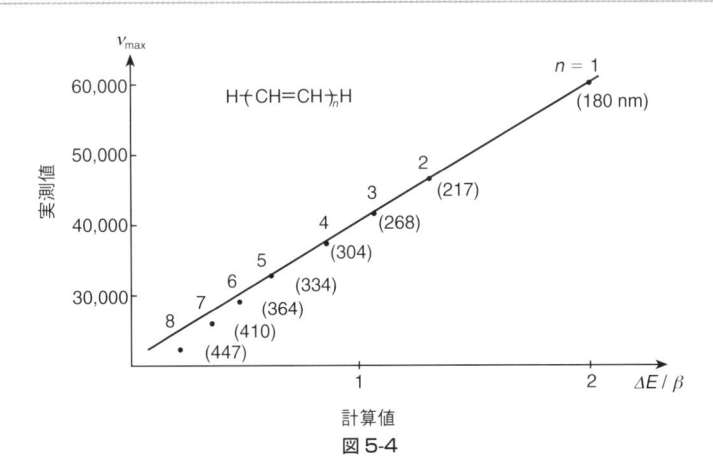

H$\mathrm{(CH=CH)}_n$H

$n = 1$ (180 nm)
2 (217)
3 (268)
4 (304)
5 (334)
6 (364)
7 (410)
8 (447)

計算値

図 5-4

第3節 IR スペクトルと官能基

赤外線を用いるため IR スペクトル（赤外線吸収スペクトル）という．波長が長いので，エネルギーは低く，分子の振動，回転エネルギーに関する情報を与えてくれる．

1 結合のバネモデル

IR スペクトルの威力は分子に含まれる官能基の種類を教えてくれることである．IR スペクトルを考えるときに使われる分子モデルがバネモデルである．

IR スペクトルは，分子全体でなく，原子団（置換基）を対象にする．図 5-5 にヒドロキシル基の例を示した．それは分子本体にバネで結合された酸素と，さらにその先にバネで結合された水素原子からなると考えることができる．この 2 個の原子と 2 本のバネからできた系の運動は振動と回転である．それぞれのエネルギーは固有のものとなっていて，分子本体とは無関係である．したがって，このエネルギーを測定すれば，ヒドロキシル基の存在の有無がわかる．

2 IR スペクトル

図 5-6 は実際の IR スペクトルの模式図である．**横軸は波数で（1 cm 当たりの波の数），エネルギーに比例する**．3500 cm^{-1}（カイザーと読む）にある幅広い吸収は OH，NH に特徴的なものである．2200 cm^{-1} の鋭い吸収は CC 三重結合もしくは CN 三重結合，というぐあいに，置換基によって吸収の位置と特徴的な形が決まっている．

もし，未知化合物の IR スペクトルを測って 2200 cm^{-1} に針のような吸収，1700 cm^{-1} に大きな長い吸収があったとすれば，その化合物は CC，もしくは CN 三重結合とカルボニル基を持っていることが推測される．実際，未知化合物に含まれる置換基の種類は IR スペクトルによって決定されることが多い．

3 特性吸収

官能基あるいは原子団に固有の吸収を特性吸収という．図 5-7 に代表的な特性吸収を示した．IR スペクトルは液体，固体，溶液，気体どのようなサンプルでも測定可能である．しかも，測定も解析も容易でありながら，情報量は多いので，有機化合物の構造決定になくてはならないスペクトルである．

結合のバネモデル

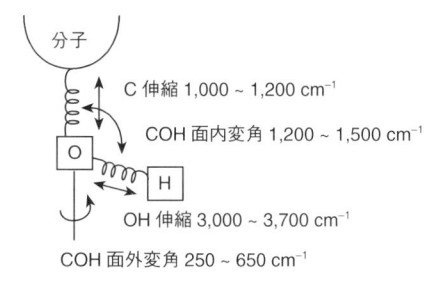

- C 伸縮 1,000 ~ 1,200 cm^{-1}
- COH 面内変角 1,200 ~ 1,500 cm^{-1}
- OH 伸縮 3,000 ~ 3,700 cm^{-1}
- COH 面外変角 250 ~ 650 cm^{-1}

図 5-5

IR スペクトル

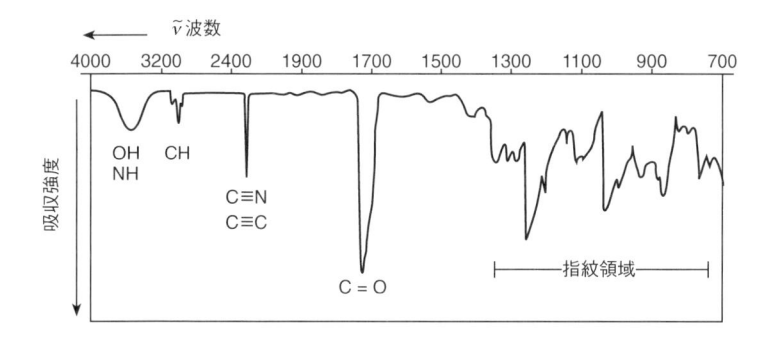

$\tilde{\nu}$ 波数

吸収強度

OH / NH、CH、C≡N / C≡C、C=O、指紋領域

図 5-6

特性吸収

- O-H、N-H、≡C-H 伸縮
- C≡C、C≡N 伸縮
- CH 伸縮
- C=C、C=N、C=O 伸縮
- C-H 変角
- C-C、C-O、C-N 伸縮変角

［齋藤勝裕，構造有機化学，p.124, 図 7，三共出版 (1999)］

図 5-7

第4節 NMR スペクトルと水素原子

有機化合物の構造決定に最も大きな威力を発揮するのが NMR スペクトル（核磁気共鳴スペクトル）である．このスペクトルは炭素と水素の配列を教えてくれる．

1 磁場と原子核

NMR スペクトルはその名のとおり，原子核と磁気の相互作用に基づく．電子の挙動に由来するほかのスペクトルとの大きな違いである．

図 5-8 のように原子核はスピン（自転）している．自転方向は勝手気ままで，方向によるエネルギーの違いはない．しかし，**強い磁場に入れると自転方向と磁場の方向の関係によって安定化されるもの（α 状態）と不安定化されるもの（β 状態）が生じる**．$\varDelta E$ の大きさは磁場の強さに比例する．正確な測定のためには $\varDelta E$ は大きいほうがよい．ということで，超伝導磁石が多く用いられる．

2 磁場と電子雲

図 5-9 に示したように，磁場強度 B_0 の磁場に入れられた水素原子核は磁場を感じるが，その強度は B_0 とはかぎらない．**原子核の周りには電子雲が存在する．原子核が実際に感じる磁場は電子雲を通過してくる磁場強度，すなわち実効磁場 B_i である**．北風 B_0 を裸で感じる人 $B_i{}^1$ とオーバーを着て感じる人 $B_i{}^2$ の違いである．電子雲の量（電子密度）は分子の場所によって違いがある．

したがって，ある水素原子核の $\varDelta E$ がどれくらいであるかを測定すれば，その水素の置かれた電子的環境がわかることになる．

3 化学シフト（ケミカルシフト）

NMR スペクトルにおいて**シグナルの出る位置を化学シフトといい，記号 δ（デルタ）で表す**．単位は ppm で，水素原子では 1 から 10 ppm までの範囲である．化学シフト値の小さいほうを**高磁場**側，大きいほうを**低磁場**側という．

いく種類かの水素原子の化学シフトを図 5-10 に示した．三員環の水素は高磁場（1 ppm 付近），飽和水素は 1〜5 ppm，不飽和水素は 5〜7 ppm，芳香族水素は 7〜8 ppm，アルデヒド水素は 10 ppm，と化学シフトを測定すればその水素のがどのような炭素に結合した水素かを知ることができる．

磁場と原子核

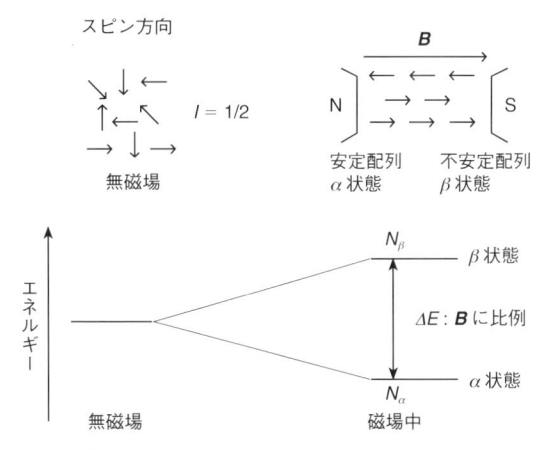

スピン方向

$I = 1/2$

無磁場

B

N　　　　　S

安定配列　　不安定配列
α 状態　　β 状態

エネルギー

N_β　β 状態

$\Delta E : B$ に比例

N_α　α 状態

無磁場　　　　磁場中

［齋藤勝裕，構造有機化学，p.128, 図11，三共出版 (1999)］

図 5-8

磁場と電子雲

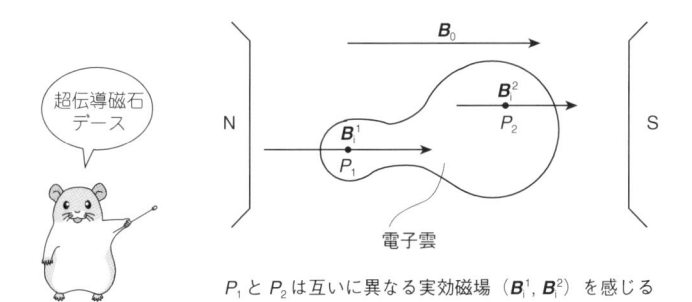

B_0

超伝導磁石デース

N　B_1^1　B_1^2　S
　　P_1　P_2

電子雲

P_1 と P_2 は互いに異なる実効磁場（B_1^1, B_1^2）を感じる

［齋藤勝裕，構造有機化学，p.132, 図17，三共出版 (1999)］

図 5-9

化学シフト（ケミカルシフト）

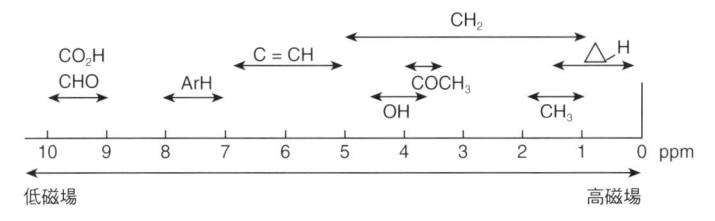

CH$_2$

CO$_2$H　　　　　C = CH　　　　　△H
CHO　　ArH　　　　　COCH$_3$
　　　　　　　　　OH　　　CH$_3$

10　9　8　7　6　5　4　3　2　1　0 ppm

低磁場　　　　　　　　　　　　　　高磁場

［齋藤勝裕，構造有機化学，p.132, 図18，三共出版 (1999)］

図 5-10

4 NMR スペクトル

図 5-11 はエチルベンゼンの実際の NMR スペクトルである．1.2 ppm に三重線，2.7 ppm に四重線，7.2 ppm に幅広い 2 本のピーク，の計 3 種類のシグナルが観測される．これはエチルベンゼンには環境の異なる 3 種類の水素原子が存在することを意味する．

積分線は各シグナルの面積比を示している．**水素原子の NMR スペクトルではこの面積比はすなわち，そのシグナルを示した水素原子の個数比になっている**．したがって 3 種の水素の個数比は 5：2：3 だということがわかる．以上の結果はほとんど自動的に 1.2 ppm はメチル基 (CH_3)，2.7 ppm はメチレン基 (CH_2)，そして 7.2 ppm はフェニル基 (C_6H_5) に基づくシグナルであることを教えてくれる．これは図 5-10 の化学シフトとも一致する．

メチル基，メチレン基のシグナルがそれぞれ 3 本，4 本に分裂していることは，その分裂の間隔（**結合定数**）とともに，これら水素間の関係についての情報を与えてくれることがわかっている．

5 異性体の比較

図 5-12 は分子式 C_3H_6O を持ついくつかの異性体の NMR スペクトルである．スペクトルと構造の対応をやってみよう．

A の 6 個の水素原子はすべてメチル基を構成しているので，ただ 1 種類の水素と考えられる．そのため，A のスペクトルにはただ 1 本のシグナルしか観測されない．B は 2 種類の水素原子を持ち，その個数比は 1：2 である．5.0〜6.3 ppm の低磁場に吸収を持つ C は，二重結合水素を持つ化合物であることがわかる．化合物 D は 3 種類の水素しか持たないように見えるが，メチル基との関係から実は 4 種類あることになり，それはスペクトルに 4 種類のシグナルが 1：1：1：3 で出ていることと一致する．

もし IR スペクトルを測れば，A は 1700 cm^{-1} 付近に C=O 結合に基づく大きな吸収があるはずであり，C は 3500 cm^{-1} 近辺に O-H に基づく幅広い吸収を持つはずである．二重結合を持つ C は，UV スペクトルで吸収極大を持つことが予想される．

これらの知見を総合して，最終的に構造が決定されることになる．

NMR スペクトル

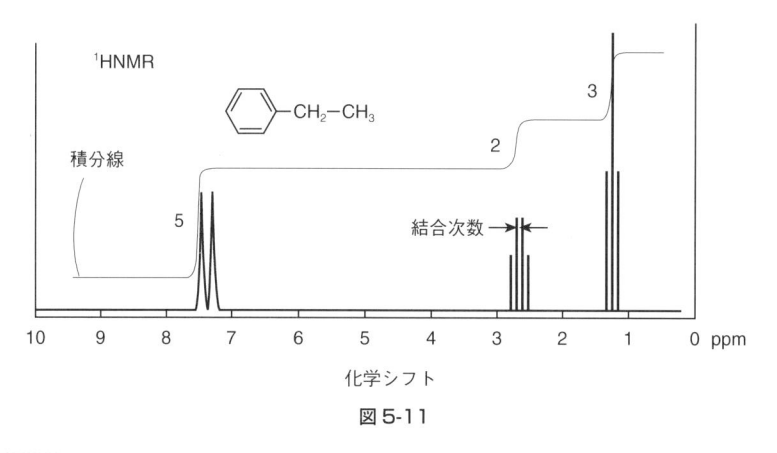

^{1}HNMR

⏤CH$_2$⏤CH$_3$ (ベンジル基)

積分線

5

2

3

結合次数

化学シフト

図 5-11

異性体の比較

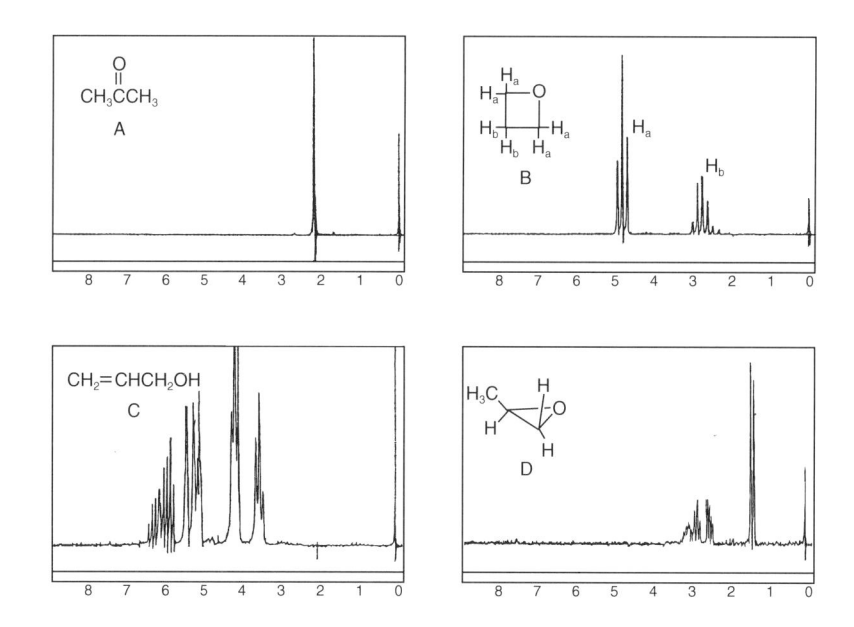

A: CH$_3$CCH$_3$ (C=O)

B: オキセタン H$_a$, H$_b$ (環状エーテル)

C: CH$_2$=CHCH$_2$OH

D: H$_3$C—CH(O)CH$_2$ (プロピレンオキシド)

[C.H.Pouchert and J.R.Campbell, *The Aldrichi Library of NMR Spectra*, Aldrich Chemical Co. (1974) A: Vol. II, 105 A, Acetone, B: Vol. I, 149 B, Oxetane, C: Vol. I, 100 C, Allyl alcohol, D: Vol. I, 145 A, Propylene oxide. Reprinted with permission of Aldrich Chemical Co., Inc.]

図 5-12

第5節 MS スペクトルと分子量

MS スペクトル（マススペクトル，質量スペクトル）は分子の分子量に関する知見を与えてくれる．

1 イオンと電磁場

マススペクトルの原理は単純明快である．

図 5-13 に示したように，二つの原子団（置換基）A，B からなる分子 AB をイオン化室に入れ，高速の電子を衝突させる．すると，AB から電子が弾き出されて陽イオン AB^+ が生じる．このイオンは衝突電子の運動エネルギーを持った高エネルギー状態なので，一部のイオンは分解して A^+，B^+ の陽イオンになる．ということで，イオン化室には AB^+，A^+，B^+ の 3 種のイオンが存在することになる．このイオンたちをマイナスに帯電したフィルム目がけて放出したらどうなるだろう．イオンはフィルム目がけて飛んで行き，フィルムを感光させる．

しかし，このとき，イオンの走行路の途中に磁場を置いたらどうなるか．イオンはフレミングの法則に従って行路を曲げる．そしてその曲がり方は軽いイオンほど大きい．ということで，各イオンはその質量（分子量）に従って分類された箇所に感光する．後は標準物質で質量を決めればよい．

2 マススペクトル

図 5-14 は実際のマススペクトルの模式図である．横軸に質量，縦軸に相対強度をとる．**強度の最も大きいピークを基準ピーク，分子量を表すピークを分子イオンピーク（M^+）**と呼ぶ．分解しやすい分子，あるいは衝突させる電子のエネルギーが大きすぎるときには分子がすべて分解してしまい，分子イオンピークが出なくなることもあるので注意を要する．

高分解能マススペクトル（HRMS）を用いると分子量を小数点以下 5 桁まで測定できる．そうなると，分子を構成する原子の組成を一義的に決定することができる．すなわち，**分子式を知ることができる**ことになる．

マススペクトルにはイオン化の方法や，測定のしかたによって各種の形式のものが開発されている．

イオンと電磁場

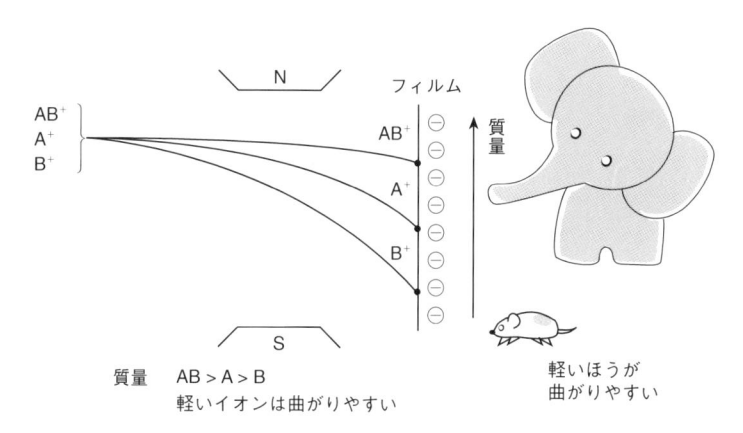

$$AB \xrightarrow{-e^-} AB^+ \xrightarrow{-e^-} A^+ + B^+$$

質量　AB > A > B
軽いイオンは曲がりやすい

軽いほうが曲がりやすい

図 5-13

マススペクトル

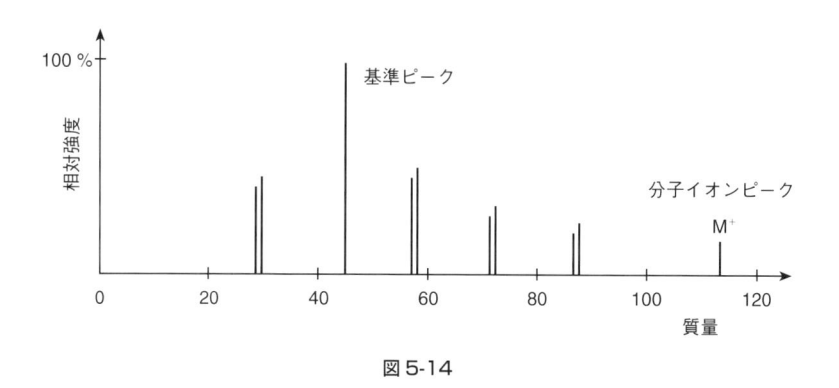

100% 基準ピーク

分子イオンピーク
M^+

図 5-14

第6節 単結晶 X 線解析

化合物が結晶の場合には，単結晶 X 線解析によって直接，構造を決定することができる．

1 X 線回折

結晶に X 線を照射すると X 線が結晶中の分子を構成する原子の電子と相互作用して散乱される．これを回折という．この X 線を写真に撮ると，散乱された X 線が互いに干渉して複雑な斑点模様の回折図を与える．これを解析すると，分子を構成する全原子の相対的な位置関係，すなわち，原子間の距離，方向を知ることができる．後は結合距離にある原子間を線で結べばよい．構造式のでき上がりである．

2 オルテップ図

前項のようにして決められた構造式を表す図を**オルテップ図**という．図 5-16 に三つの化合物のステレオオルテップ図を載せた．3D 図を見る要領で立体図を見てほしい．分子の構造が手に取るようにわかるではないか．**原子の位置にあるラグビーボールのようなものは原子の位置の不確定さを表す**．原子の中心がこのボールのどこかにあることを示す．したがってボールの大きな図は，データ解析が不十分か，あるいは測定温度で原子が熱振動している可能性がある．その場合には低温で測定すればよい．

本章冒頭で，構造を直接決定するといったのはこのことである．単結晶 X 線解析では分子構造が写真のように，いやそれ以上の立体写真としてわれわれの目の前に提示される．スペクトルを利用した構造決定はクイズ的な知的な遊戯感覚があった．推理をまちがえて誤った構造が提出された例もある．X 線ではそのような要素はない．構造は一義的に決定される．

単結晶 X 線解析はデータの解析がたいへんで，以前は特殊な化合物の構造決定に用いられるだけであり，また，構造決定そのものが研究対象であったりした．しかし，現在はコンピュータの導入と優れた解析プログラムのおかげで，だれでも利用できる便利な測定手段となった．

X線回折

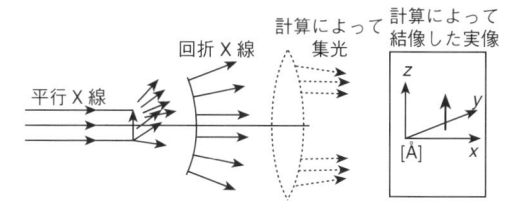

[角戸正夫, 笹田義夫, X線解析入門, p.4, 図1.2, 東京化学同人 (1993)]

図 5-15

オルテップ図

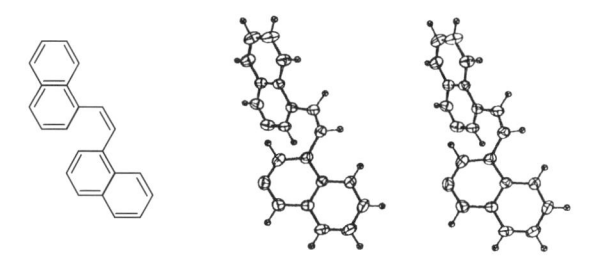

[J.Vansant, G.Smets, J.P.Declercq, G.Germain and M.Van Meerssche, *J.Org.Chem.*, **45**, 1557, Fig.1 (1980)]

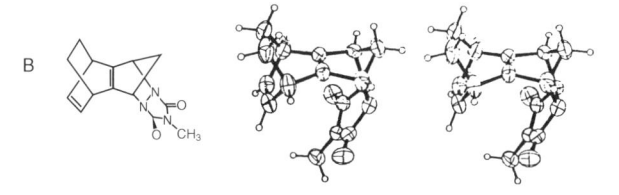

B

[L.A.Paquette, R.V.C.Carr, P.Charumilind and J.F.Blount, *J.Org.Chem.*, **45**, 4922, Fig.1 (1980)]

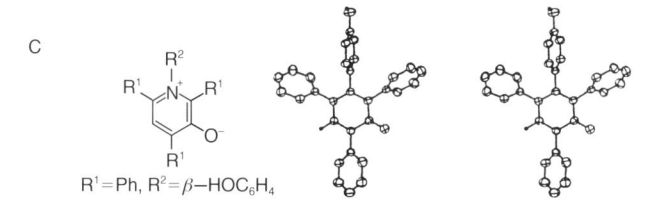

C

$R^1 = Ph$, $R^2 = \beta-HOC_6H_4$

[A.R.Katritzky, C.A.Ramsden, Z.Zakaria, R.L.Harlow and S.H.Simonsen, *J.Chem.Soc.Perkin Trans.* 1, **1980**, 1870, Fig.1]

図 5-16

6章 有機化合物の性質

酸性，塩基性，発色性，発光性のように，有機分子はいろいろの性質を持つ．ここでは有機分子の性質を見て行くことにしよう．

第1節 酸性と塩基性

酸性塩基性には定義がいくつかあるが，最も一般的なブレンステッドの定義に従えば，酸とは H^+ を放出するもの，塩基とは H^+ を受け取るものということになる．

1 酸と塩基

表 6-1 にブレンステッドの定義に従った酸と塩基の例をまとめた．

酸の代表は，カルボキシル基（$-CO_2H$）を有する化合物，カルボン酸である．例として酢酸 **1** を示した（反応 1）．フェノール **3** はヒドロキシル基を持つアルコールなので中性と思われる．しかし，H^+ を放出した結果生成する陰イオン **4** が，負電荷を非局在化（第 4 章第 7 節参照）して安定化するため，表の反応は右へ進行し，酸性を示す（反応 2）．三重結合に結合した水素，アセチレン水素は H^+ として外れやすい（反応 3）．

塩基の代表はアミノ基を持つアミン類である．アミンは窒素原子上の非共有電子対で H^+ と結合することができるためである（反応 4）．そのほか，ピリジン **9** も塩基性としてよく知られた化合物である（反応 5）．

酸から H^+ が外れた陰イオン，塩基に H^+ が結合した陽イオンをそれぞれ**酸の共役塩基，塩基の共役酸**という．反応 4 で，**8** は **7** の共役酸である．

2 解離定数

酸の解離は反応 6 に示すように平衡反応であり，その平衡定数は式 (6-1) で定義される．これを特に**酸解離定数**といい，酸の強さを表すのに用いられる．一般的には，水素イオン濃度 pH と同様に，この数値の対数にマイナスを掛けた数値，pK_a で表すことが多い．pK_a の数値が小さいほど強酸であることを示す．

塩基に対しては共役酸を酸と見たてて，その酸解離定数を用いることが多い．

$$R-NH_3^+ \rightleftarrows R-NH_2 + H^+$$

有機化合物の性質

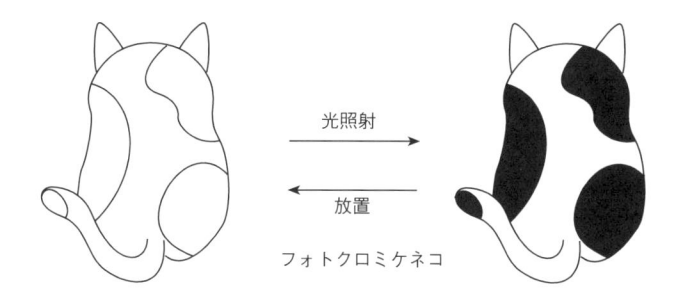

光照射 ⇄ 放置

フォトクロミックネコ

酸と塩基

性質		例	
酸	H^+を放出する	$CH_3-\overset{O}{\underset{}{C}}-O-H$ **1** ⇌ $CH_3-\overset{O}{\underset{}{C}}-O^-$ **2** $+ H^+$	（反応1）
		C6H5-OH **3** ⇌ C6H5-O⁻ **4** $+ H^+$	（反応2）
		$R-C\equiv C-H$ **5** ⇌ $R-C\equiv C^-$ **6** $+ H^+$	（反応3）
塩基	H^+を受容する	$R-NH_2$ **7** $+ H^+$ ⇌ $R-\overset{+}{N}H_3$ **8**	（反応4）
		ピリジン **9** $+ H^+$ ⇌ ピリジニウム **10**	（反応5）

表 6-1

解離定数

$$A-H \rightleftarrows A^- + H^+ \quad （反応6）$$

$$K_a = \frac{[A^-][H^+]}{[AH]} \qquad pK_a = -\log K_a \qquad (6\text{-}1)$$

第2節 結合異性は分子構造の変化

　原子が結合して分子を作る．今，原子の位置を変えることなく，結合だけを変えたらどうなるか．例えば，分子 A=B−C を A−B=C と変えることができたらどうだろう．このような現象で生じる異性体を互変異性体という．

1 ケト-エノール互変異性

　反応 7 においてケトン **11** はアルコール **12** に異性化し，両者の間には平衡関係がある．**11** と **12** では結合の位置が変化しただけで原子の位置は変化していない．**11** はケト型といわれ，**12** は二重結合に直接結合したヒドロキシル基を持ちエノール型といわれる．この異性化を**ケト-エノール互変異性**という．

　一般にケト型は**安定**，エノール型は**不安定**なのでこの平衡は大きくケト型に偏っている．しかし，**13** では二つのカルボニル基に挟まれたメチレン基（CH_2）があり，このような水素は H^+ として外れやすい性質（酸性）を持つ．この理由により **13** と **14** はほぼ 1：1 の平衡となっている．

　フェノール（**17**，**18**）はエノール型だが，そのケト型（**15**，**16**）はまったく検出されない．これはフェノールがベンゼン環を持つ芳香族化合物として安定化しているためである．

2 結合異性

　反応 10 において **19** は三員環を結んで **20** になり，**20** は三員環を開いて **19** になる．両者は平衡にある．**19** の二重結合を三員環に置き換えた **21** は **19** と同様の反応で **22** に異性化する．**22** はひっくり返せば **21** であるが，炭素 e を例えば ^{13}C で標識すれば，**21** と **22** は違う化合物であることがわかる．

　23 は **21** の e と a を σ 結合で結んだものである．**23** が **21** と同様の異性化をすると **24** となる．**23** と **24** の異性化が非常に速いと，a と e，b と d は互いに区別がつかなくなり，同じ炭素ということになる．その結果はどうだろう．分子式 C_8H_8 で 8 個の炭素を含む分子 **23**（**24** も同様）は，実はたった 3 種類の炭素しか含んでいないということになる．

　これは実験的に確認された現象である．このような異性現象を特に**結合異性**ということがある．

ケト‐エノール互変異性

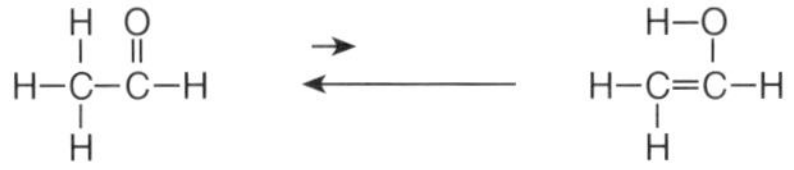

11 ケト型（安定型） ⇌ **12** エノール型（不安定型） （反応7）

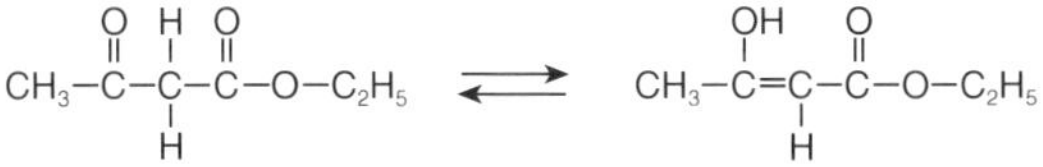

13 ⇌ **14** （反応8）

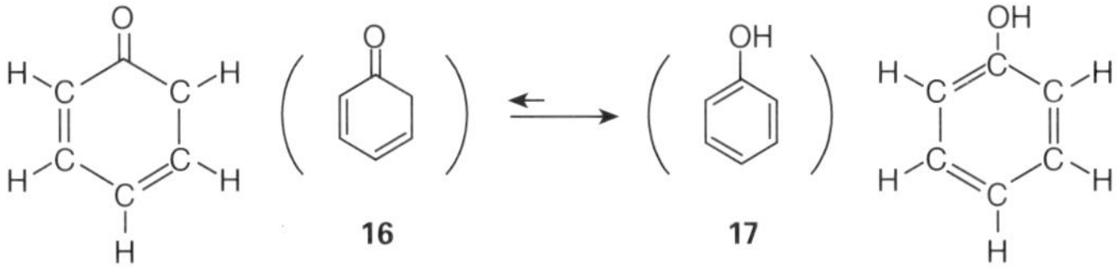

15 (**16**) ⇌ (**17**) **18** （反応9）

図6-1

結合異性

19 ⇌ **20** （反応10）

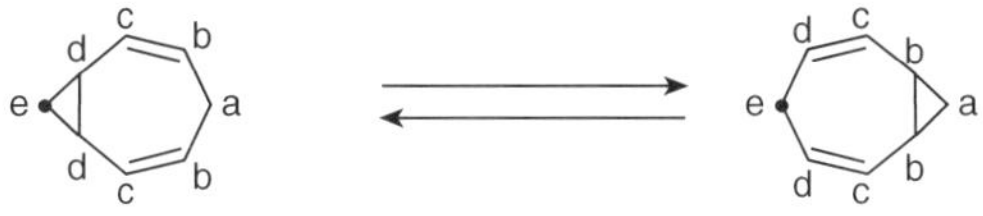

21 ⇌ **22** （反応11）
● = ^{13}C

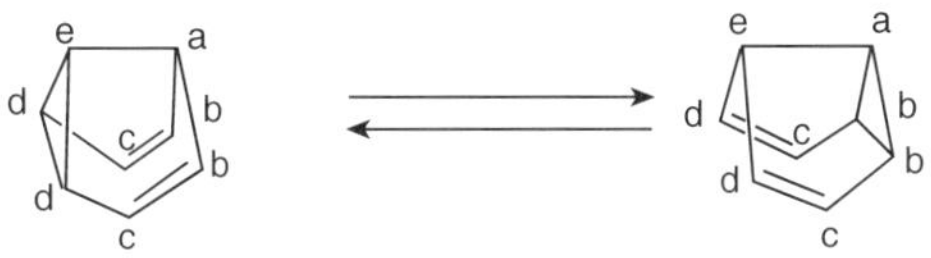

23 ⇌ **24** （反応12）

図6-2

第3節 芳香族性は特別の安定性

芳香族化合物はその独特の安定性と反応性によって，有機化合物の中でも特にたいせつな一群を形成している．

1 芳香族の種類

芳香族には多くの種類がある．図 6-3 にあげたのは代表的なものである．複素環系とは炭素以外の原子を環内に取り込んだ芳香族である．**たいせつなのはこれらの化合物に存在する π 電子の個数である**．図の例では 6 個か 10 個である．

2 Hückel 則

図 6-4 は第 4 章第 6 節に従って作図したシクロブタジエン（図 A）とベンゼン（図 B）の軌道エネルギー準位である．図 A でシクロブタジエンに π 電子 4 個を入れたのが **31** である．2 個の電子は結合性軌道に対を作って入るが，残り 2 個は縮重軌道に 1 個ずつスピンを平行にして入る．この状態は不対電子が 2 個もある状態で不安定である．安定にするためにはこの 2 個の不対電子を取り除いて 2 価の陽イオン **30** とするか，不対電子に相手を与えて 2 価の陰イオン **32** にするかすればよい．

ベンゼンは 6 個の π 電子を持った **34** の状態で安定である．陽イオン **33** でも陰イオン **35** でも不対電子を持つことになって不安定である．結合エネルギー的にも **34** が安定である．

さて，安定であることになった **30**，**32**，**34** に含まれる π 電子の個数はいくつか．2 か 6 である．図 6-3 では 10 個で安定なものもあった．

一般に整数 n に対して，$4n+2$ 個の π 電子を持つ環状共役化合物は芳香族性を持つ．これを発見者の名にちなんで Hückel 則という．

3 低磁場シフト

芳香族化合物の特徴の一つは，NMR スペクトルにおいてその水素原子のシグナルが低磁場に出ることである．図 6-5 にいくつかの例を示した．芳香族でない **36** の水素は 5.8ppm にシグナルを示す．それに対して芳香族の **37**，**38**（10 π 系）は 7 から 8 ppm と低磁場になっている．

芳香族の種類

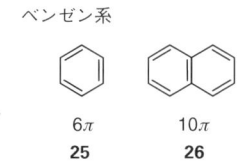

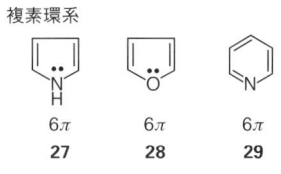

ベンゼン系
- 25 : 6π
- 26 : 10π

複素環系
- 27 : 6π
- 28 : 6π
- 29 : 6π

図 6-3

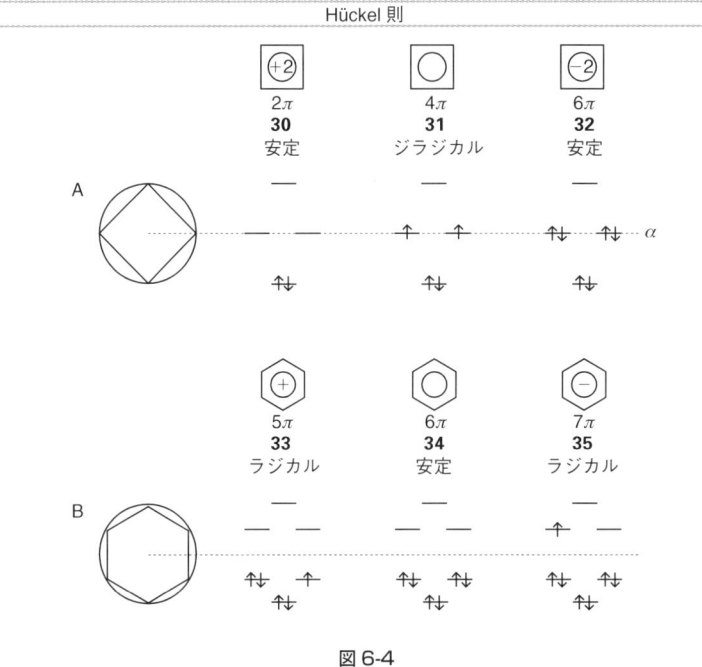

Hückel 則

A
- 30 : 2π ⊕2 安定
- 31 : 4π ◯ ジラジカル
- 32 : 6π ⊖2 6π 安定

B
- 33 : 5π ⊕ ラジカル
- 34 : 6π ◯ 安定
- 35 : 7π ⊖ ラジカル

図 6-4

低磁場シフト

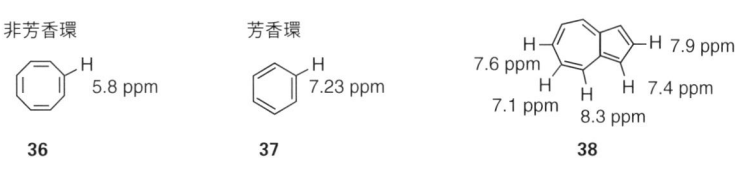

- 非芳香環 36 : 5.8 ppm
- 芳香環 37 : 7.23 ppm
- 38 : 7.6 ppm, 7.9 ppm, 7.1 ppm, 8.3 ppm, 7.4 ppm

図 6-5

第 3 節 ◆ 芳香族性は特別の安定性

第4節 発色性と発光性

　ヒマワリの花が黄色くてバラの花が赤いのは，花に含まれる有機化合物の色が黄色く，そして赤いからである．有機化合物には色彩を持っているものがある．色素は典型的な例である．お祭りで売っている光ブレスレットや蛍光塗料などのように，電気もないのに光る物質もある．有機化合物には光を出すものもある．これらの発色性，発光性はどのような機構によるものかを見てみよう．

1 光と色

　図 6-6A はバラである．バラが赤く見えるのは明るいときだけである．月も星もない闇夜では，バラは赤いどころか，見えもしない．B は花火である．闇夜でも花火は赤く空を焦がす．

　花火が赤く見えるのは花火が赤い光を発光しているからである．赤い光を発光する花火が赤く見えるのは何の不思議もない．しかし，バラは発光していない．それでも赤く見えるのはなぜだろう．

2 光吸収と発光

　図 6-7 に示したとおり，HOMO に 2 個の電子が入っている状態は安定な状態，基底状態である．これに光が当たると電子が光エネルギーを吸収してLUMO へ遷移して励起状態となる．これが光吸収といわれる現象である．

　励起状態の分子が基底状態に戻ったらどうなるか．励起状態と基底状態の間のエネルギー差を何かの形で放出することになる．熱エネルギーとして放出すれば系が暖まることになるし，そのエネルギーを使って化学反応を起こせば，光化学反応が起こったことになる．もし，このエネルギー差を光として放出したら，この分子は光ったことになる．これが発光といわれる現象である．

　発光は励起状態の分子が基底状態に落ちる（遷移）ときに，そのエネルギー差を光として放出する現象である．問題は基底状態の分子をいかにして励起状態に持ち上げる（遷移）かである．図 6-7 では光エネルギーを用いて持ち上げた．光るブレスレットの例のように化学エネルギーを用いた発光を化学発光，ホタルやある種のキノコのように生物エネルギーを用いたものを生物発光という．

光と色

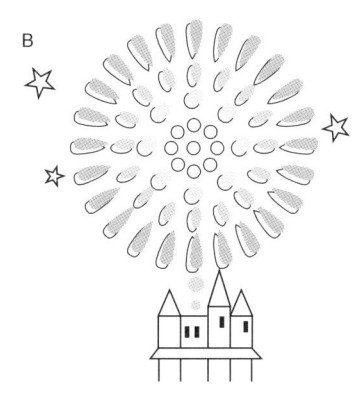

図 6-6

光吸収と発光

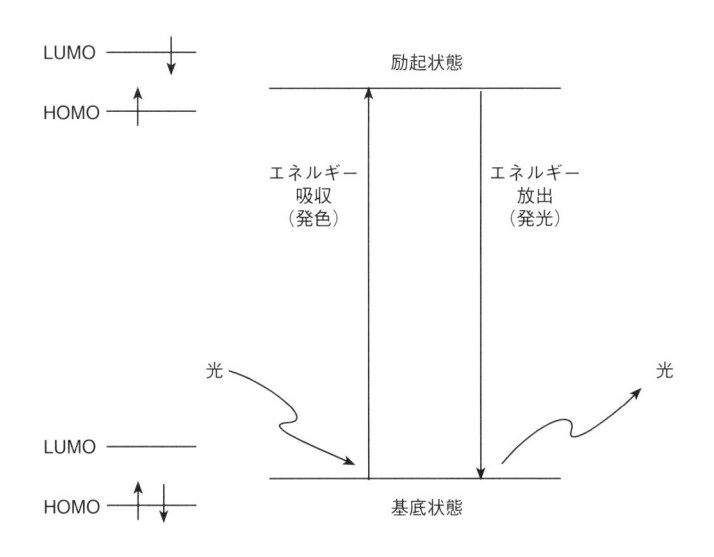

図 6-7

3 光吸収と色彩

図 6-8 のように，**色素 A に太陽光を照射すると A は HOMO－LUMO エネルギー差に相当するエネルギーを持つ光を吸収する．われわれの目に達する光はその残りである．** バラの花びらに含まれる赤色の色素は，太陽光の一部を吸収したのだ．そして，その残りの光が赤く見えたのだ．それではこの赤色の色素が吸収した光は何色の光だったのだろうか．

4 補　色

可視光線をプリズムで分光すると虹の 7 色が現れる．逆にいえば，虹の 7 色を混ぜると白色光になる．この関係を表すのが図 6-9 の色相ゴマである．色相ゴマにおいて，**ある色（赤）に対して中心を挟んで反対側にある色（青緑）をある色（赤）の補色という．ある光（赤）が吸収されたときに残りの光が示す色がこの補色である．**

バラの花が赤く見えたのはバラの色素が青緑の光を吸収したからだったのだ．波長 495 nm の光を吸収したせいだったのだ．それに対して花火が赤く見えたのは 640 nm の光を発光していたからだったのだ．

5 共役系と発色

第 5 章第 2 節で見たように，共役系の長さと吸収光との間には密接な関係があった．共役が短いと短波長の光（青），共役が長いと長波長光（赤）を吸収した．これは共役が短いと赤から黄色，長いと青や紫に発色することを意味する．

図 6-10 のカロテンはニンジンに含まれる赤色色素だが，共役系に含まれる二重結合の数が 11 と長い．吸収極大は 450 nm である．しかし酸化されてビタミン A_1（レチノール）となると二重結合の数は 5 個と半減する．そのため吸収は 325 nm となって可視領域にかからなくなり，色彩も黄色となる．

漂白はこの現象と似ている．汚れは共役系の長い分子の付着によって起こる．酸化漂白は，この汚れ分子の共役系を酸化切断して短くする．そのため，汚れ分子は可視領域の光を吸収できなくなるので色が消える（漂白される）．

41 はインジゴ系色素である．X が酸素の化合物は藍染めの藍の色素であり，ブルージーンズの色素である．X を変化させることで赤から青までの色素を作ることができる．

光吸収と色彩

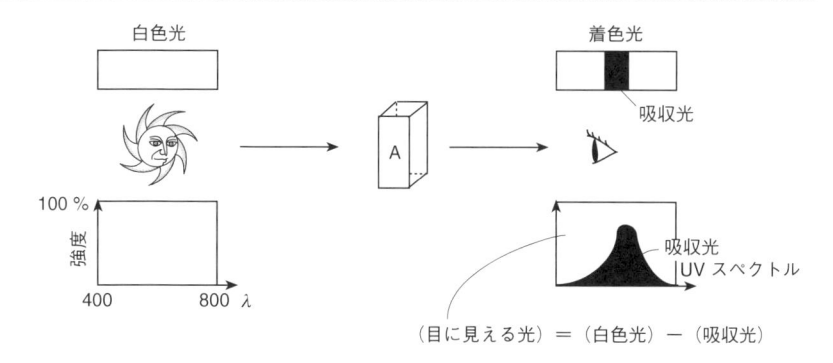

図6-8

補色

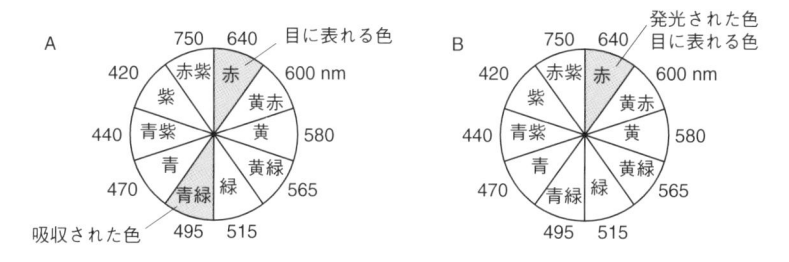

図6-9

共役系と発色

39 β-カロテン
450 nm 暗赤色

40 ビタミンA_1
325 nm 黄色

41 インジゴ系色素

X	λ_{max}
NMe	650
NH	605
S	546
O	420

図6-10

第4節◆発色性と発光性

第5節 旋光性

光をねじる．それが旋光性である．

1 偏 光

光は電磁波である．波であり，振動している．光源から出た光はあらゆる方向に振動するたくさんの電磁波の集まりである．図 6-11 に示したようにこの光をスリットに通す．すると振動面のそろった光だけがスリットを通過してくる．このようにして得られた**振動面のそろった光を偏光という**．振動面を円に引いた直線の向きで表す．

2 旋 光

図 6-12 のように化合物 A に偏光を当てる．すると，**透過してきた偏光の偏光面が変化していることがある．この現象を旋光といい，化合物 A は旋光能があるといわれる**．偏光面が旋光によってねじられた角度 α を**旋光度**という．旋光能を持つ化合物はたくさんある．スクロース（砂糖）もその例である．**旋光能を持つ化合物を光学活性であるという**．

3 光学活性

第 2 章第 7 節で光学異性体を見た．図 6-13 の分子 A, B はそのような光学異性体である．光学異性体は旋光能を持つ．

今，異性体の一方 A に偏光を通したとする．旋光能によって偏光面が α だけねじられた．旋光度 $= \alpha$ である．次に B に偏光を通す．読者の予想のとおり，B は反対方向に同じ角度 α だけねじるのである．旋光度 $= -\alpha$ である．

A と B が 1：1 で混じった混合物に偏光を通したらどうなるか．これも読者の予期したとおりである．偏光は変化しない．このような混合物を特に**ラセミ混合物**という．化合物 A, B はともに光学活性であるがラセミ混合物（ラセミ体）は光学不活性であるということになる．**ラセミ体を各々の光学活性体に分離することを光学分割という**．光学分割には物理的，化学的，生物的手法など，各種のものが知られている．

偏光

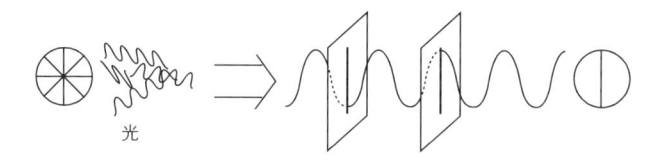

図 6-11

旋光

α：旋光度

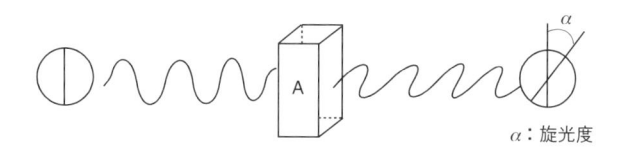

図 6-12

光学活性

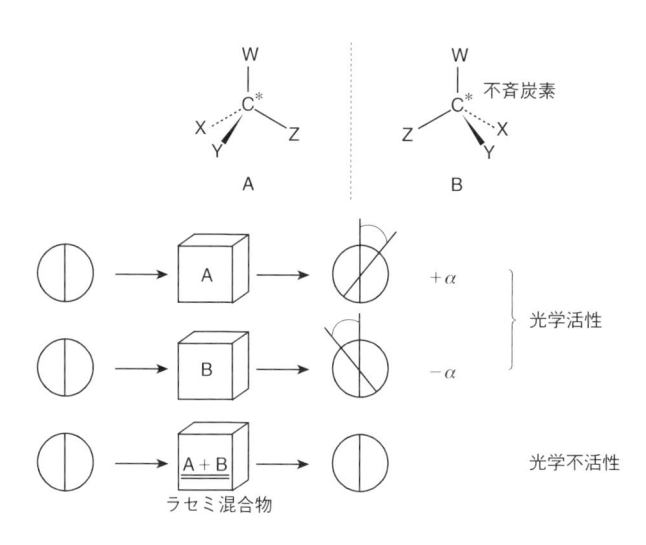

図 6-13

column ¹³C NMR

　NMR スペクトルが有機化合物の構造決定に欠かせないものであることは第 5 章第 4 節で見たとおりである．NMR スペクトルは構造決定だけでなく，反応速度，平衡定数の測定など，分子の動的性質の解析にも役だっている．さらに，MRI という名前で脳の断層解析などを通して医療現場でも活躍している．

　第 5 章で見た NMR スペクトルは水素原子核（^{1}H）のものであったが，NMR スペクトルが観測できる核種は窒素，酸素，フッ素などたくさんある．その中で有機化学者がよく利用するものに炭素原子核を測定する ^{13}C NMR がある．

　水素と同様，炭素も周りに電子雲が存在し，その密度は分子中の場所に応じて違うから，炭素原子のシグナルも電子密度を反映することになる．^{13}C NMR スペクトルの測定法は各種あるが，基本的な測定法では，各炭素原子が 1 本のシグナルを与える．したがって分子中に何種類の炭素原子が存在するかがたちどころにわかる．さらに，化学シフトから，その炭素が一重結合の炭素か不飽和結合の炭素かもわかる．このような情報を与えてくれる ^{13}C NMR は今や構造決定に欠かせないものとなっている．

　^{13}C NMR スペクトルの例を示しておいた．通常測定の ^{13}C NMR スペクトルでは ^{1}H NMR と異なり，シグナルの高さと炭素原子の個数とは関係がない．また，官能基の炭素原子もシグナルを表す．

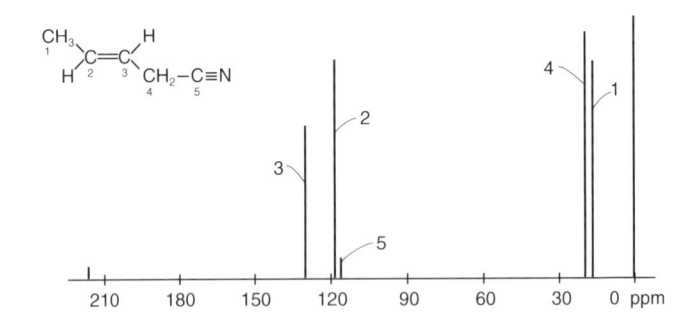

第II部 有機反応

7章 有機反応論

有機化合物の反応性は個々の有機化合物によって微妙に異なる．例えば，カルボキシル基を有する化合物は酸性であり，酸としての反応を行う．それではカルボキシル基さえあれば，どのような化合物でも同じように酸性で同じような反応を起こすかというと，決してそのようなことはない．メチル基についたカルボキシル基とフェニル基についたものとでは反応性に差が出る．このように，反応は，その化合物全体としての性質に大きく作用される．

第1節 反応式の書き表し方

反応式とは有機反応を化学式で表したものであるが，独特の約束ごとがある．その一つは電子の動きを矢印で表すということである．表 7-1 に結合の切断と生成についてまとめた．

結合切断について，ラジカル反応とイオン反応を見比べて見よう．分子構造に付けられた曲線矢印が違っている．ラジカルでは片羽根（⇀）で，イオンでは両羽根（→）となっている．

反応式では矢印は電子の動きを表す．片羽根は電子 1 個の動きを表し，両羽根は電子対（2 個の電子）の動きを表す，という約束になっている．

ラジカル反応の表示法では，結合を表す線分を二分するように 2 本の片羽根矢印が左右に開いている．これは説明図のように，σ 結合を構成する 2 個の電子が 1 個ずつ分かれて左右の原子に行ってしまうことを表す．したがって，この結合切断の後には，左右の原子，A，B にはともに 1 個ずつの電子が付随することになる．この電子を A，B の上に点で表し，A，B，各々をラジカルという．これが結合のラジカル開裂の表示法と，その反応機構である．

イオン反応での結合切断を見てみよう．表示法では両羽根の矢印が A のほうに向かっている．これは説明図のように σ 電子対が，2 個の電子ともそっくり A に移動したことを表す．その結果 A は電子 2 個を受け取り，中性状態より電子 1 個分過剰になるからマイナス 1 となり，反対に B は電子を失うのでプラス 1 となる．

結合生成はこの反対である．

有機反応論

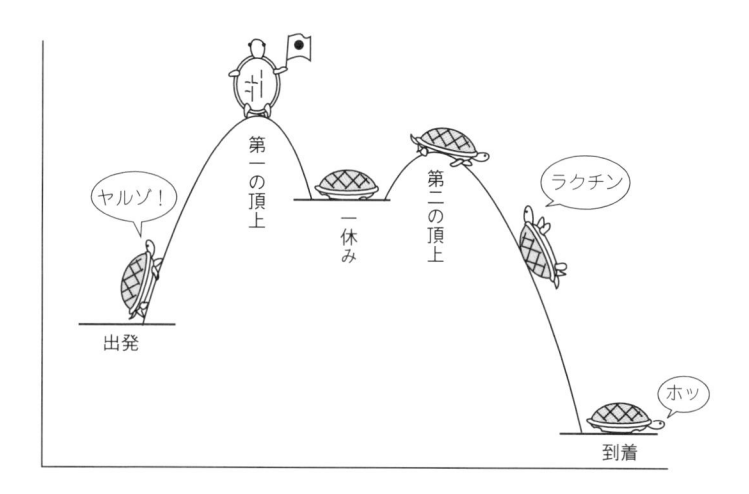

反応式の書き表し方

		結合切断	結合生成
ラジカル反応	表示法	A—B ⟶ A· + ·B ラジカル ラジカル	·A + ·B ⟶ A—B
ラジカル反応	説明図	A⦂B ⟶ A· + ·B σ電子対　　不対電子	A· + ·B ⟶ A⦂B σ電子対
イオン反応	表示法	A—B ⟶ A⁻ + B⁺ 陰イオン 陽イオン	A⁻ + B⁺ ⟶ A—B
イオン反応	説明図	A⦂B ⟶ A⦂⁻ + B⁺ 非共有電子対	A⁻ + B ⟶ A⦂B 非共有電子対

表 7-1

第2節 反応速度と濃度

反応には数秒で終わってしまう反応もあれば，1ヶ月かかっても終わらない反応もある．速い反応，遅い反応を表すのに反応速度という言葉を使う．

1 反応と濃度

図 7-1 は反応 1 に伴う化合物 A の濃度変化である．[A] は A の濃度を表す．反応が進行するにつれ A の濃度は減少し，それに伴って B の濃度 [B] は上昇する．[A] と [B] の和はいつも A の最初の濃度に等しいことになる．

反応式の矢印の上にある k は速度定数と呼ばれ，反応の速さを表す．k が大きければ速い反応であり，小さければ遅い反応である．

[A] が最初の半分になるのに要した時間を半減期といい，$t_{1/2}$ で表す．図で表したように，半減期 $t_{1/2}$ だけたつと [A] は半分の 50 % となり，さらに $t_{1/2}$ だけたって $2t_{1/2}$ になると 50 % の半分の 25 % となる．

半減期の長い反応は遅い反応であり，短い反応は速い反応ということになる．

2 逐次反応

反応 2 は A が B になり，B がさらに C に変化するというものである．このような反応を逐次反応といい，途中で生成した B を中間体という．反応 2 は，A から B，B から C が生成するというように，反応が 2 段階で進行するので 2 段階反応と呼ばれることもある．有機反応には逐次反応が多い．

反応の各段階は特有の速さで進行し，それは k_1, k_2 というように，各段階の速度定数で表される．

k_1 が k_2 より大きい，すなわち，B ができる速度のほうが，B が変化する速度より速い場合には，反応系の各々の濃度変化は図 7-2 のようになる．特徴は B の濃度に極大値があることである．このような反応において，必要な化合物が B だったとしたら，反応をどの段階で終了させるかは大きな問題となる．反応を最後までほうっておけば，B はなくなってすべてが C になってしまう．

反応と濃度

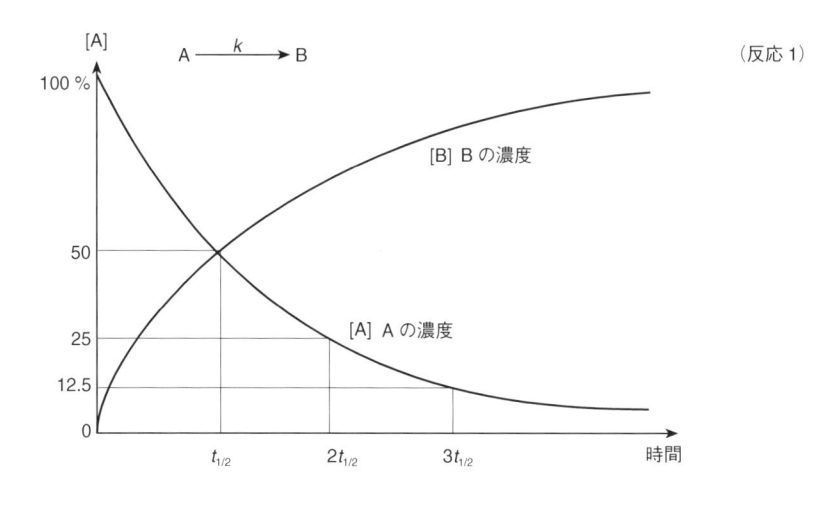

$A \xrightarrow{k} B$ （反応1）

図 7-1

逐次反応

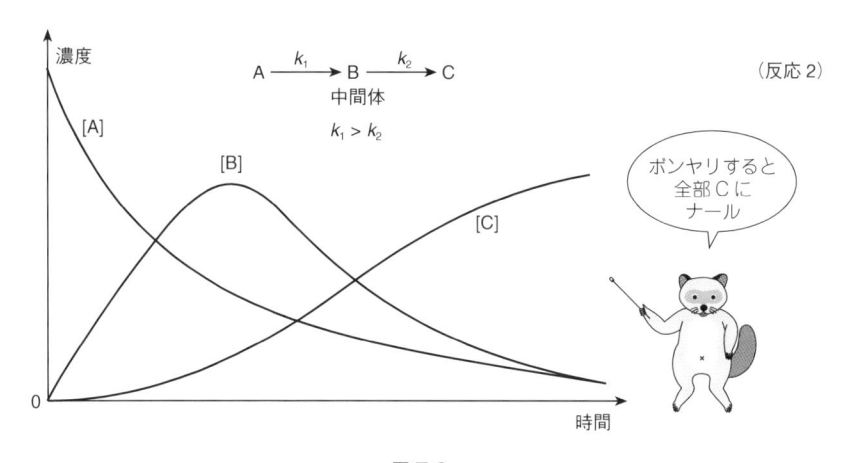

$A \xrightarrow{k_1} B \xrightarrow{k_2} C$
中間体
$k_1 > k_2$

（反応2）

ボンヤリすると全部Cにナール

図 7-2

第3節 遷移状態と活性化エネルギー

反応はエネルギーの高いものから低いものへと川の流れのように進むものではない．反応には遷移状態と呼ばれる不安定な高エネルギー状態が存在し，そこに到達するための活性化エネルギーが必要とされる．

1 活性化エネルギー

炭素と酸素がバラバラにいる系（出発系）と，両者が反応して二酸化炭素となった系（生成系）では生成系のほうがエネルギーは低い．それでは出発系はすべて生成系になるのだろうか．それではたいへんである．地球上のすべての炭素は燃えて二酸化炭素になってしまう．

そのようなことにならないのは，図 7-3 に示してある理由からである．図の縦軸はエネルギーであり，横軸は反応の進行の程度であり，反応座標と呼ばれる．

炭素が酸素と反応するためには，途中で遷移状態と呼ばれる高エネルギー状態を経由しなければならないのである．そのために必要とされるエネルギーを活性化エネルギー E_a と呼ぶ．炭素を燃やす反応なら，マッチで火をつけるという操作が，最初の活性化エネルギーを与える操作に相当する．反応が進行すれば，系の安定化に伴って発生するエネルギー（反応熱，ΔH）が活性化エネルギーを供給し続けることになる．

2 中間体と遷移状態

図 7-4 は前節で見た逐次反応のエネルギー関係である．

中間体 B はエネルギーの低い所（谷）に位置することに注意したい．それに対して遷移状態はエネルギーの最も高い所（峠）に位置する．このように，中間体と遷移状態とはまったく異なるものである．

この反応では遷移状態が二つ存在する．中間体 B に達するための遷移状態 T_1 と最終生成物 C に達するための T_2 であり，それに伴って活性化エネルギーも二つある．しかし，反応全体の活性化エネルギーは出発系 A と，二つの遷移状態のうち，エネルギーの高いほう，このケースなら T_1 とのエネルギー差ということになる．

活性化エネルギー

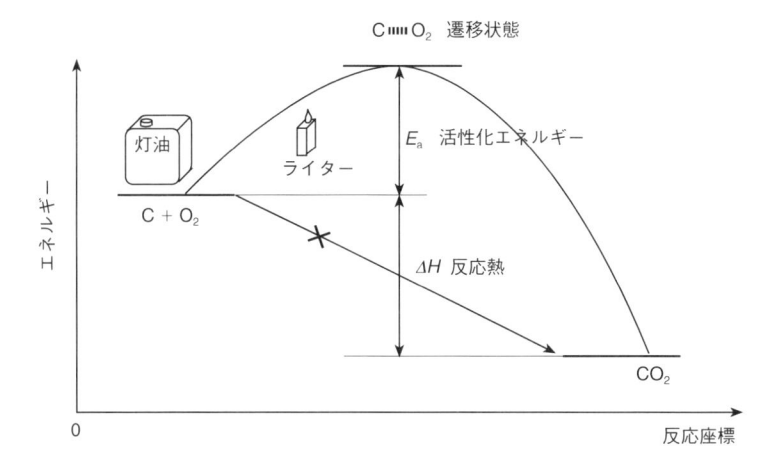

図 7-3

中間体と遷移状態

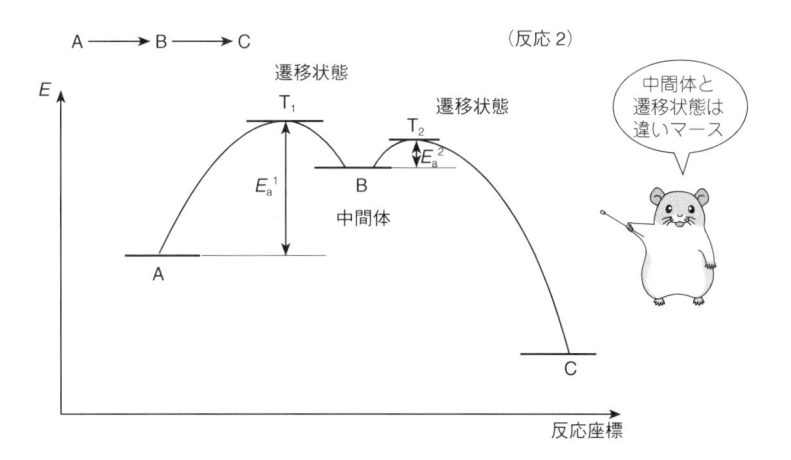

図 7-4

第4節 σ結合と置換基効果

置換基が化合物に与える影響を置換基効果という．置換基効果には，置換基の物理的な体積によるものと電気的，電子的なものがある．

1 誘起効果

原子が電子を引きつける度合いを表すものが電気陰性度であった．

図 7-5 の炭素と原子 X の間の σ 結合で，X の電気陰性度のほうが高かったとすると，σ 結合電子雲は X のほうに引き寄せられることになる．その結果，結合電子雲に偏りが生じ，X がマイナス，炭素がプラスに荷電することになる．しかし，完全に電子が移動して $+1$，-1 になるわけではなく，いくぶん $+-$ になるだけなので，このいくぶんを記号 δ で表して**部分電荷**と呼ぶ．結合に電荷の偏りが生じることを結合にイオン性が生じたといい，このような結合を**極性結合**という．

このように，**σ結合した原子が炭素原子から σ結合を通じて電子を奪ったり，反対に与えたりする効果を誘起効果**（Induced Effect，I 効果）**という．**

この場合，原子 X は炭素から電子を奪って，炭素を + に荷電させたことになり，このような効果を +I 効果という．電子を与える効果は −I 効果と呼ばれる．このような効果を持つ置換基を表にまとめた．

2 誘起効果の減衰（遮蔽効果）

誘起効果は，原子 X が直接結合した炭素原子 C_1 にだけしか効かないものではない．X の効果が +I 効果で，炭素 C_1 が + に荷電したら，その隣の炭素 C_2 は結合を通じて + の炭素 C_1 に電子を引っ張られる．その結果 C_2 もいくぶん + に荷電し，C_3 の電子を引っ張る，というぐあいに**効果は σ 結合を通じて伝わってゆく．しかし，その程度は図 7-6 に示したように，徐々に減衰する．**このように，置換基効果が結合を通して減衰しながら伝わって行く効果を遮蔽効果ということがある．

表に塩素の置換したカルボン酸の酸性度と塩素の置換位置を示した．塩素によって σ 電子が引きつけられ，カルボキシル基の H が H^+ として外れやすくなるので，塩素が置換すると酸性度は強くなる（pK_a が小さくなる）．その強度は塩素の置換位置がカルボキシル基に近いほど強くなることが示されている．これは遮蔽効果が効いていることの実証である．

誘起効果

電気陰性度 …… 小　　　　　大
　　　　　　　　C　　　　　X
電荷の偏り …… $\delta+$ ⟶ $\delta-$

炭素から電子を奪う
X は +I 効果を持つ

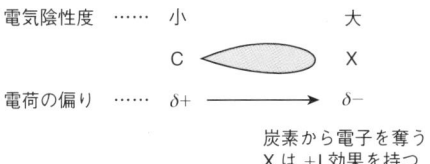

誘起効果（I 効果）：
　電気陰性度による σ 電子雲の偏り

名称	機能	例
+I 効果	電子吸引性	F, Cl, Br, I, NR_2, OR
−I 効果	電子供与性	^-NR, ^-OR, CH_3, CH_2CH_3

図 7-5

誘起効果の減衰

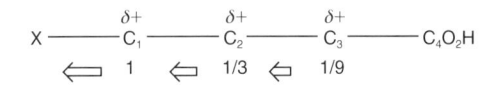

$$X \longleftarrow \overset{\delta+}{C_1} \longleftarrow \overset{\delta+}{C_2} \longleftarrow \overset{\delta+}{C_3} \longleftarrow C_4O_2H$$
$$\Longleftarrow 1 \quad \Longleftarrow 1/3 \quad \Longleftarrow 1/9$$

I 効果は結合が長くなると減衰する ⇒ 遮蔽効果

	pK_a
$CH_3-CH_2-CH-CO_2H$ 　　　　　　　$|$ 　　　　　　　Cl	3.85
$CH_3-CH-CH_2-CO_2H$ 　　　　$|$ 　　　　Cl	4.02
$CH_2-CH_2-CH_2-CO_2H$ $|$ Cl	4.52

置換基効果は
たいせつ
ダカンネ

図 7-6

第5節 π結合と置換基効果

置換基効果にはπ結合が関与するものもある．このような効果をメソメリー効果（M効果）または共鳴効果（R効果）という．

1 M効果（R効果）

二重結合に塩素が置換した化合物塩化ビニルの電子状態を考えてみよう．問題は塩素上にある非共有電子対の挙動である．

図7-7に示したように，二重結合と塩素の非共有電子対の間に非局在化が起きていないとする局在モデルでは，各原子上のπ電子の数は炭素原子上に各1個，そして塩素上には非共有電子対に基づく2個となる．ところが非局在化が起きたとすると，これら4個のπ電子はC, C, Clの3個の原子上にばらまかれることになる．その結果はすべての原子上に4/3個ずつのπ電子が存在することになる．**これは炭素にとっては余分の電子をもらったことになり，塩素にとっては電子を供出したことになる**．すなわち，図に示したように炭素は−，塩素は＋に荷電することになる．

このような効果をメソメリー効果（M効果）または共鳴効果（R効果）と呼ぶ．これらの電子異性効果を持つ置換基を表にまとめた．

2 拮抗性

図7-8は，塩化ビニルの置換基効果をまとめたものである．σ電子はI効果によって炭素から塩素側に移動し，π電子はM効果によって塩素から炭素側に移動する．炭素はI効果で＋，M効果で−になる．結局どっちなのだ，ということである．

表にその結果をまとめた．**数値は結合モーメントで，結合距離rと部分電荷δの積である**．

結局は，IとM，両効果の差が効いてくることになる．一重結合ではI効果だけだから，ハロゲン側が−となる．二重結合ではπ結合のM効果が相殺して部分電荷が小さくなるので結合モーメントも小さくなる．三重結合ではπ結合が2本になるので相殺の度合いも大きくなり，結合モーメントもさらに小さくなる．表の結果は合理的に説明できる．

M効果

$H_2C=CH-Cl$

局在化モデル / 非局在化モデル

π電子数　1　1　2　　4/3　4/3　4/3
電荷　　　0　0　0　　−1/3　−1/3　+2/3

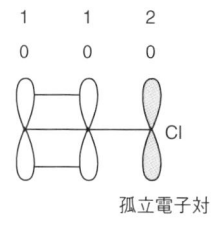

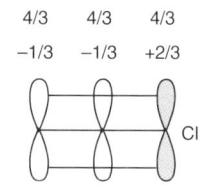

孤立電子対

電子雲の偏り　$\delta-$　←　$\delta+$

名称	機能	例
−M効果	電子を与える	F, Cl, Br, I, OR, NR_2, SR
+M効果	電子を奪う	C=O, C=NR, C≡N, NO_2

図 7-7

拮抗性

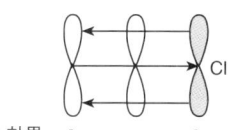

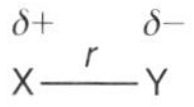

$\delta+$　$\delta-$
X —r— Y

$\mu = \delta \times r$

I効果　$\delta+$ → $\delta-$

M効果　$\delta-$ ← $\delta+$

		CH_3-CH_2-X	$CH_2=CH-X$	$CH≡CH-X$
	Cl	2.05 D	1.44 D	0.44 D
X	Br	2.02 D	1.41 D	0.0 D
	I	1.90 D	1.26 D	
効果の方向	効果	→ I	← I ← M	← I ← M ← M

図 7-8

8章 一重結合の反応

有機化学反応の分類のしかたには各種あるが，本書では，反応する結合に従って，一重結合の反応，二重結合の反応，芳香族の反応に分け，そのほかに官能基が関与する反応を加えて，4種に分けて見て行くことにする．

一重結合は σ 結合のみから成り立ち，その反応は有機化学反応の基本である．

第1節 一分子求核置換反応　S_N1 反応

反応 1 で，出発物 1 の置換基 X は反応が終わると別の置換基 Y に置き換わっている．このような反応を置換反応（Substitution Reaction）という．置換反応にも種類があるが，代表的なものは一分子求核置換反応と二分子求核置換反応である．まず，一分子求核置換反応から見て行こう．

1 S_N1 反応

反応 2，3 は一分子求核置換反応といわれる反応の反応機構である．出発物 1 から置換基 X が陰イオンとして脱離し，中間体として陽イオン 3 が生じる．このように，脱離して行く基を脱離基という．すると，わきにいた別の陰イオン Y^- が 3 を攻撃して最終生成物 2 を与える．

陰イオン Y^- が炭素陽イオンを目がけて攻撃するが，**陽イオンは原子核の電荷に基づくものなので，このように炭素陽イオンを目がけて攻撃する基を求核試薬といい，求核試薬の反応を求核（Nucleophilic）反応という**．

この反応は反応 2，反応 3 の二段階反応である．反応 2 と 3 の速度を比較すると 2 の速度が遅い．このような場合，全体の反応の反応速度は反応 2 の速度で決定される．グループで登山する場合，グループ全体の登山速度はいちばん足の遅い人の速度になってしまうのと同じことである．そこで**反応 2 を速度を律する段階ということで律速段階という．**

律速段階は，分子 **1** が，いわば勝手に，だれの助けも借りずに陽イオンと陰イオンに分離する反応である．このように，**1 分子で進行する反応を一分子反応という**．以上のことから，反応 1 を一分子（1）求核（Nucleophilic）置換（Substitution）反応ということで S_N1 反応という．

一重結合の反応

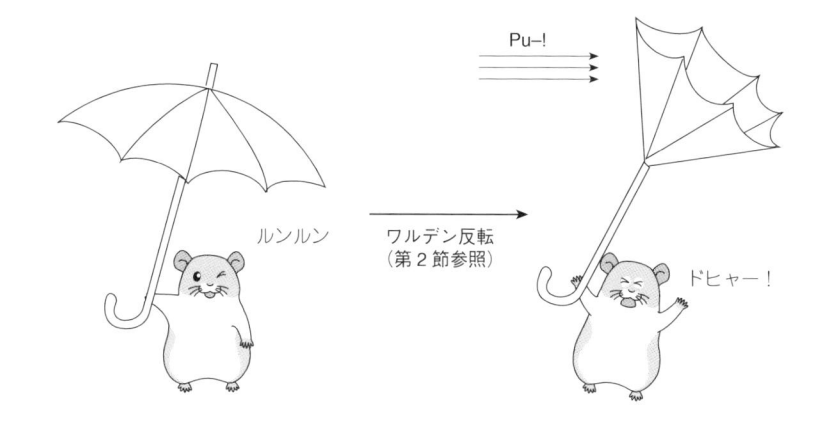

Pu–!
ルンルン　ワルデン反転（第2節参照）　ドヒャー！

S_N1 反応

$$R-\underset{R}{\overset{R}{C}}-X + Y^- \longrightarrow R-\underset{R}{\overset{R}{C}}-Y + X^-$$
　　1　　　　　　　　　　　　**2**　　　　　　　　（反応1）

反応機構

$$R-\underset{R}{\overset{R}{C}}-X \xrightarrow{律速段階} R-\underset{R}{\overset{R}{C^+}} + X^-$$
　　1　　　　　　　　　　　　**3**　　　　　　　　（反応2）

$$R-\underset{R}{\overset{R}{C^+}} + Y^- \longrightarrow R-\underset{R}{\overset{R}{C}}-Y$$
　　3　　　　　　　　　　　　**2**　　　　　　　　（反応3）

2 立体化学

図 8-1 において，化合物 **4** は炭素につく 4 個の置換基 P，Q，R，OH がすべて異なるので光学活性であり，炭素は不斉炭素となっている．**4** が S_N1 反応し，OH 基が塩素に置換されると，生成物は **5** と **6** の 2 種類になり，その比は 1：1 になる．**5** と **6** はともに不斉炭素を持つ光学活性体であり，互いに光学異性体の関係になっているが，それが 1：1 の比で混じるため，第 6 章第 5 節で見たように，生成物全体としては光学不活性のラセミ混合体となる．

このような生成物が生じる理由は反応機構で説明される．出発物 **4** の中心炭素は sp^3 混成である．**4** が OH^- を脱離することによって生じた陽イオン **7** も最初は sp^3 混成であり，1 本の sp^3 混成軌道が空軌道となって陽電荷を担っている．しかし，中心炭素は sp^3 混成状態から sp^2 混成状態に変化し，陽イオン **8** となる．**8 は先に第 3 章第 4 節で見た sp^2 混成状態炭素の 2p 軌道が空軌道となった構造である**．したがって，陽イオンを担う 2p 空軌道が分子面の右，左両側に出ていることになる．

塩素イオンが陽イオン **8** を攻撃するということは，2p 空軌道を攻撃するということであり，それは分子面の右側からでも左側からでもまったく同じに攻撃できる．左から攻撃すれば **5** が生じ，右から攻撃すれば **6** を生じる．

このように，**光学活性体が反応するとラセミ体が生じることが，S_N1 反応の大きな特徴である**．

---

column　律速段階

一連の反応が連続して進行する場合，最も速度の遅い反応を律速段階ということを見た．自動車の例で考えてみよう．

自動車で A 地点から B 地点へ行くとしよう．AB 間の距離は 240 km で 80 km ごとに C，D 地点がある．AC，CD 間は渋滞もなく時速 80 km で走り，各 1 時間で通過した．しかし DB 間は渋滞のため，時速 20 km しか出せず，4 時間もかかり，そのため全体で 6 時間もかかってしまった．AC，CD 間は制限速度もあり，無理をしてもこれ以上の時間短縮は望めない．しかし，DB 間の渋滞が解消されればこの間は 1 時間で通過でき，全体の所要時間は 6 時間から 3 時間に大幅短縮される．すなわち，DB 間は，全体の速度を速めることも遅くすることもできることになる．これが律速段階といわれる意味である．

立体化学

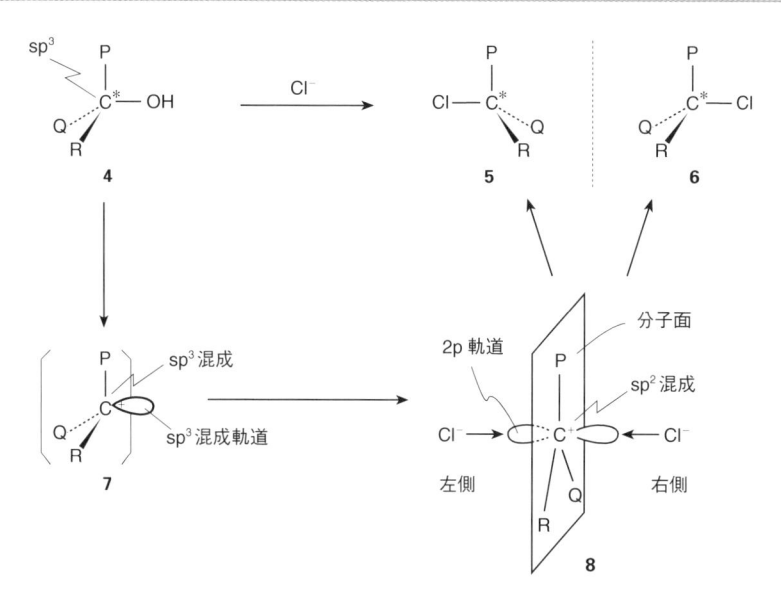

図 8-1

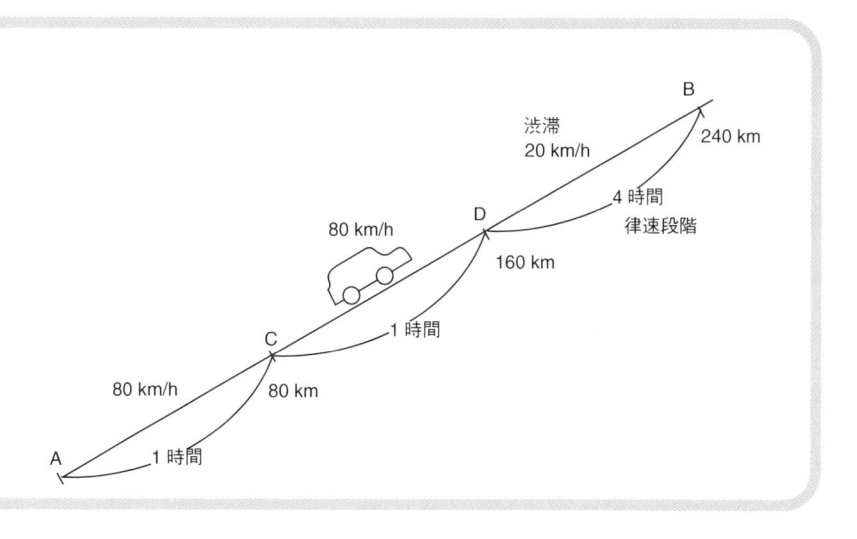

第1節◆一分子求核置換反応　S_N1 反応

3 反応速度

　S_N1 反応 4 の反応速度を検討してみよう．

　出発物として **11**，**12**，**13**，**14** の 4 種の化合物を用いて反応すると，その反応速度順は不等号のとおりになる．すなわち **11** の反応が最も遅く，**14** の反応が最も速い．どうしてこのような順になるのだろう．

　それを解明するには反応機構に従って検討することが必要である．反応の途中で生成する中間体陽イオンの構造を見てみよう．各出発物から生じる陽イオンは図 8-2 に示したとおりである．**11** から生じる陽イオン **15** には置換基が何もついていないが，陽イオン **16** にはメチル基が 1 個，**17** には 2 個，**18** には 3 個ついている．そして，同じ陽イオンでもメチル基の個数が多いものの反応が速く進行していることがわかる．

　第 7 章第 4 節で見た I 効果では，メチル基は電子供与性であった．メチル基は自分がついている炭素に電子を与える性質があるのである．してみれば**電子の不足している炭素陽イオンにメチル基がつくということは，不足の電子を補うことになり，陽イオンは安定化するということになる**．

4 活性化エネルギー

　図 8-3 は第 7 章第 3 節で見たのと同様，反応のエネルギー関係を表したものである．

　中間体陽イオン **15** と **18** を比べると **15** が高エネルギーである．高エネルギー中間体を与える遷移状態も中間体と同じく高エネルギーである．すなわち，高エネルギー中間体陽イオン **15** を経由する反応の活性化エネルギー E_a^H は，**18** を経由する反応の活性化エネルギー $E_a^{CH_3}$ より大きいということになる．

　反応速度は活性化エネルギーの大小によって決定される．したがって高エネルギー中間体陽イオン 15 を与える 11 の反応速度は遅く，反対に 18 の反応速度は速いということになる．

　これは置換基効果が反応速度に現れた例である．

反応速度

$$R_3C-OH + HCl \xrightarrow{ZnCl_2} R_3C-Cl \quad \text{(反応 4)}$$
$$\quad\quad \mathbf{9} \quad\quad\quad\quad\quad\quad\quad\quad \mathbf{10}$$

反応速度:

$$\underset{\mathbf{11}}{H-\underset{H}{\overset{H}{C}}-OH} < \underset{\mathbf{12}}{CH_3-\underset{H}{\overset{H}{C}}-OH} < \underset{\mathbf{13}}{CH_3-\underset{H}{\overset{CH_3}{C}}-OH} < \underset{\mathbf{14}}{CH_3-\underset{CH_3}{\overset{CH_3}{C}}-OH}$$

中間体:

$$\underset{\mathbf{15}}{H-\underset{H}{\overset{H}{C^+}}} \quad\quad \underset{\mathbf{16}}{CH_3-\underset{H}{\overset{H}{C^+}}} \quad\quad \underset{\mathbf{17}}{CH_3-\underset{H}{\overset{CH_3}{C^+}}} \quad\quad \underset{\mathbf{18}}{CH_3-\underset{CH_3}{\overset{CH_3}{C^+}}}$$

$$\underset{\mathbf{15}}{H-\underset{H}{\overset{H}{C^+}}} \quad \underset{\text{安定}}{<} \quad \underset{\mathbf{18}}{CH_3-\underset{CH_3}{\overset{CH_3}{C^+}}} \quad\quad CH_3:電子供給基$$

図 8-2

活性化エネルギー

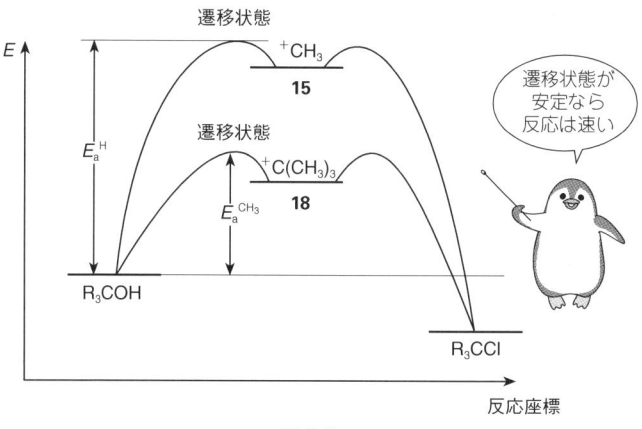

遷移状態が安定なら反応は速い

図 8-3

グラフ: 縦軸 E、横軸 反応座標。R_3COH から R_3CCl への反応経路で、遷移状態を経由する2つの曲線。高い方は活性化エネルギー E_a^H で中間体 $^+CH_3$ (**15**)、低い方は $E_a^{CH_3}$ で中間体 $^+C(CH_3)_3$ (**18**)。

第2節 二分子求核置換反応 S_N2 反応

二分子求核置換反応（S_N2 反応）とは，前節の一分子反応と異なり，律速段階が二分子反応で進行する求核置換反応のことである．

1 S_N2 反応

S_N2 反応は反応 1 で表される反応である．反応 1 は前節で見た S_N1 反応とまったく同じ反応式である．このように S_N2 反応は S_N1 反応と見かけ上同じであるが，反応機構が異なる反応である．

2 反応機構

図 8-4 に反応機構を示した．出発物 **4** に求核試薬 Y^- が攻撃する．この攻撃のしかたが重要である．Y^- は脱離基 X の裏側から，X を押し出すように攻撃している．そして中間体として陰イオン **19** を生成する．**19** の中心炭素は sp^2 混成である．そして 2p 軌道の両端に求核試薬 Y と脱離基 X が結合し，炭素としては 5 個の置換基が結合した 5 配位となっている．この **19** を生成する段階が律速段階である．

中間体陰イオン **19** から脱離基 X が陰イオンとして外れれば生成物 **20** となる．ここで注意したいのは新しく導入された置換基 Y は，出発物に入っていた置換基 X の逆側に入っていることである．

3 ワルデン反転

図 8-5 は出発物 **4** が生成物 **20** になるときの立体化学の変化を模式的に表したものである．コーモリ傘が風にあおられて反転したようすを思いだすとわかりやすいと思う．コーモリ傘がぼんぼりになった（おチョコになった，いう地方もある？）ような状態になるのである．**この反転を発見者の名前をとってワルデン反転という**．

生成物は **20** だけである．**20** は不斉炭素を持ち，光学活性体である．したがって**光学活性体に S_N2 反応を行わせると光学活性体を生じることになる**．光学活性体がラセミ体を生じた S_N1 反応との大きな違いがここにある．

S_N2 反応

$$R-\underset{R}{\overset{R}{C}}-X + Y^- \longrightarrow R-\underset{R}{\overset{R}{C}}-Y + X^- \qquad (反応1)$$

反対機構

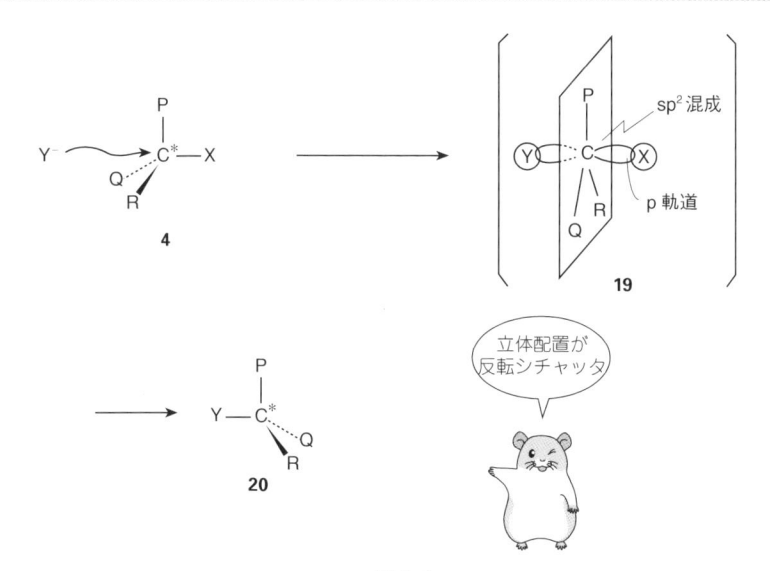

図 8-4

ワルデン反転

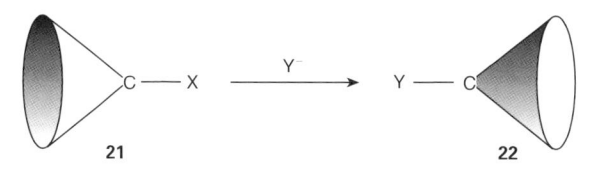

図 8-5

第3節 一分子脱離反応　E1 反応

　大きな分子の一部分が小さな分子として脱離する反応を脱離反応 (Elimination Reaction) という．一重結合で脱離反応が進行すれば生成物は二重結合となり，二重結合で脱離反応が起これば生成物は三重結合となる．

1 E1 反応

　反応 5 において，大きい分子の出発物 23 から小さい分子の HX が脱離して生成物 24 が生じている．この反応は一分子的に進行する脱離反応なので脱離反応の E と一分子の 1 をとって E1 反応と呼ばれる．

2 立体化学

　出発物 25 が E1 反応を行うと 2 種の生成物，26 と 27 を生じる．26 は同じ置換基が同じ側にあるシス体であり，27 はトランス体である．

3 反応機構

　E1 反応の反応機構は図 8-6 のように考えられる．25 を立体的に表したものが 28 である．28 から脱離基 X が陰イオンとして脱離する．この脱離の過程に関与する分子が 28 それ自身のみであり，ほかの分子が関与しない一分子過程なのでこの反応は一分子反応に分類されるのである．脱離の結果生じる中間体が陽イオン 29 である．

　29 の H を，今脱離した陰イオン X^- が攻撃して，HX として外れるとシス生成物 26 が生じる．しかし，29 の C−C 結合は一重結合であり，回転が可能である．回転すると 30 となる．30 から H が外れるとトランス体 27 が生じることになる．

　26 と 27 がどのような比で生じるかは各々の安定性に依存する．もし，置換基 Q が立体的に大きく，P は小さかったとしたら，立体反発を避けるためにトランス体 27 が主生成物となることが期待される．

E1反応

$$R-\underset{R}{\underset{|}{C}}(X)-\underset{R}{\underset{|}{C}}(H)-R \xrightarrow{-HX} \underset{R}{\overset{R}{>}}C=C\underset{R}{\overset{R}{<}}$$

23 → **24** (反応5)

立体化学

$$P-\underset{Q}{\underset{|}{C}}(X)-\underset{Q}{\underset{|}{C}}(H)-P \xrightarrow{-HX} \underset{Q}{\overset{P}{>}}C=C\underset{Q}{\overset{P}{<}} + \underset{P}{\overset{P}{>}}C=C\underset{P}{\overset{Q}{<}}$$

25 → シス体 **26** + トランス体 **27** (反応6)

反応機構

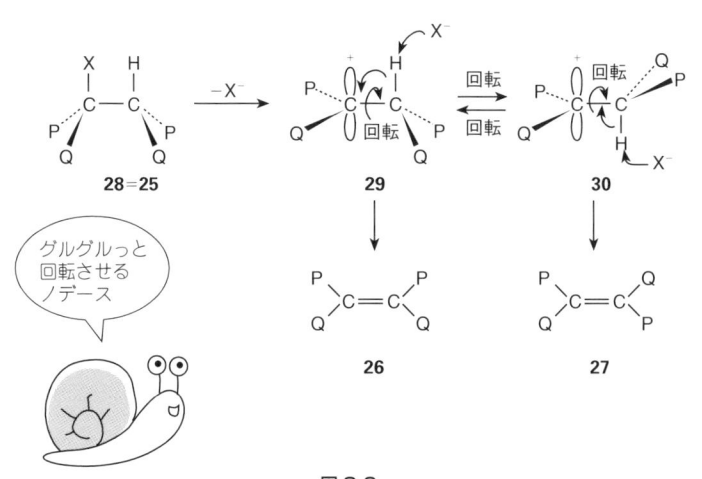

28 = 25 → **29** ⇌ **30** → **26**, **27**

グルグルっと回転させるノデース

図 8-6

第4節 二分子脱離反応　E2 反応

反応 7 は E2 反応と呼ばれるものである．前節の反応 6 と比べると違いがはっきりする．E2 反応では生成物は 27 のみである．これは E1 反応と E2 反応の反応機構の違いによるものである．

1 反応機構

E2 反応の反応機構を図 8-7 に示した．E2 反応では反応が二分子的に進行する．それは反応系に触媒的に加えた塩基 B^- の働きである．B^- が出発物の H を攻撃する．すると H は HB を形成して外れるが，そのとき炭素上に残った結合電子対が脱離基 X を押し出すようにして追い出すのである．生成物はシス体 26 となる．このように，**H と X が同じ側にある脱離様式をシン脱離という**．

このように，出発物分子と塩基分子の二分子が関与するので二分子反応と呼ばれる．なお，この反応には中間体が存在しないことになる．このように，**中間体を経由せず，一段階で進行する反応を協奏反応という**ことがある．

ところで，28 では脱離する二つの基 H と X は分子の同じ側に並んでいた．もし C-C 一重結合の周りで回転したとしたら 31 となる．31 では H と X は分子の反対側に位置している．この体勢で先ほどと同じ脱離反応が生じたら生成物はトランス体 27 となるはずである．このように **H と X が反対の側にある脱離をアンチ脱離という**．しかし，E2 反応での生成物は 27 のみである．これは反応が 31 を経由したほうが有利なことを意味する．

2 立体化学

図 8-8 は化合物 31 をニューマン透視図（第 2 章第 7 節参照）で表したものである．脱離して行く二つの基，H と X が同一平面上にあって，分子の反対側に並んでいることがわかる．このような配置を**アンチペリプラナー配置**ということがある．

E2 反応では，脱離基 X は立体的に大きな基であることが多く，攻撃する塩基 B^- が X との立体反発を避けようとすると，このような攻撃様式が立体的に有利となる．また，脱離によって新たに生じる π 結合の生成のためにも，このような脱離様式が好都合であることが知られている．

E2 反応

$$P-\underset{Q}{\underset{|}{C}}(X)-\underset{Q}{\underset{|}{C}}(H)-P \xrightarrow[B^-]{-HX} \underset{Q}{\overset{P}{>}}C=C\underset{P}{\overset{Q}{<}}$$

25 → **27**　　　　　　　　（反応7）

反応機構

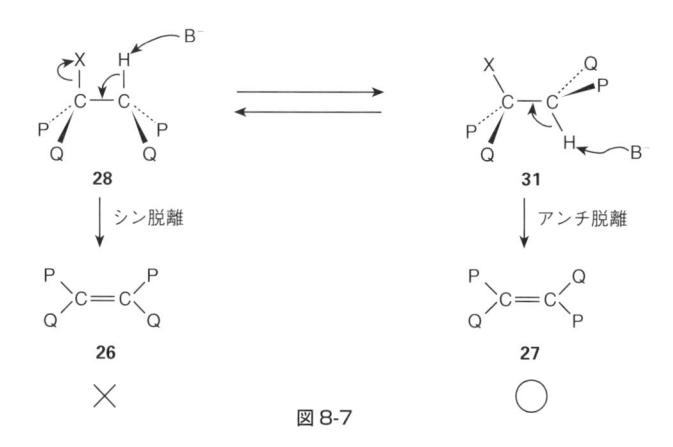

28 ⇌ **31**

28 →（シン脱離）→ **26** ✗

31 →（アンチ脱離）→ **27** ○

図 8-7

立体化学

アンチペリプラナー配置

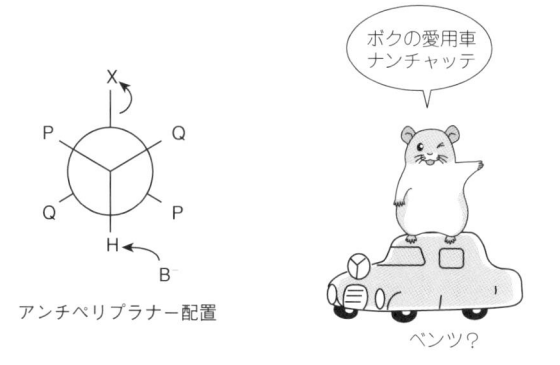

ボクの愛用車ナンチャッテ

ベンツ？

図 8-8

第5節 ザイツェフ則とホフマン則

図 8-9 において，出発物 32 から HBr が脱離したら生成物は 2 種生成しうることになる．33 と 34 である．33 は 32 の 3 位の水素が脱離したものであり，34 は 1 位の水素が脱離して生じたものである．

1 脱離反応生成物

33 と 34 の違いは二重結合に置換した置換基の個数である．33 では 3 個のメチル基が置換しており，一方，34 ではメチル基 1 個とエチル基 1 個の合計 2 個である．一般にこのような場合には**置換基の個数が多い 33 が主生成物となる**ことが知られており，これを発見者の名前をとってザイツェフ則という．これは置換基がたくさん付いた二重結合が安定であるという事実に基づく結果である．

図 8-9 の表を見てみよう．ここでは反応に関与する塩基 B^- として 2 種のものを用いて，その結果を比較している．$CH_3CH_2O^-$ を用いた反応では 33 が多いが，$(CH_3)_3CO^-$ を用いると結果は逆になって，34 が多くなっている．このように，**ザイツェフ則と反対の結果を与える法則をホフマン則という**．

この二つの規則のように，**反応としていくつかの可能性があるのに，そのうちのただ一つの可能性だけが実現されるとき，反応に選択性があるという**．

2 反応機構

図 8-10 はホフマン則を説明する図である．**問題は塩基$(CH_3)_3CO^-$ の立体的なかさ高さである．C3 位の炭素上の H を攻撃しようにも，周りにある 2 個のメチル基が立体的にじゃまになって近づくことができない**．そこで（しかたなく）塩基は端っこの C1 位の水素を攻撃して 34 を与えることになるのである．

それに対して，塩基 $CH_3CH_2O^-$ にはそのような立体反発はない．そのため，エネルギー的に安定な 33 を生成するのである．

このように，有機化学反応で生じる生成物は種々の条件の複合的な結果として生じるのであり，単にエネルギー的に安定な生成物が生じるとはかぎらない．

脱離反応生成物

$$CH_3-CH_2-\underset{\underset{CH_3}{|}}{\overset{\overset{Br}{|}}{C}}-CH_3 \xrightarrow[-BrH]{B^-} \underset{CH_3}{\overset{CH_3}{|}}CH=C\underset{CH_3}{\overset{CH_3}{|}} + \underset{CH_3}{\overset{CH_3-CH_2}{|}}C=CH_2$$

32   **33**   **34**

B^-	33	:	34	
$CH_3-CH_2-O^-$	70	:	30	ザイツェフ則
$CH_3-\underset{\underset{CH_3}{|}}{\overset{\overset{CH_3}{|}}{C}}-O^-$	27	:	73	ホフマン則

図 8-9

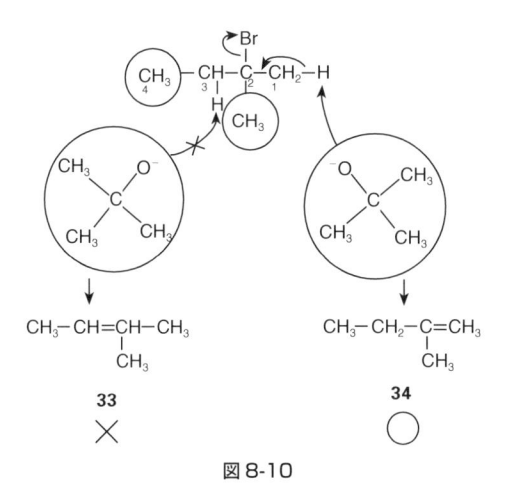

反応機構

図 8-10

9章 二重結合の反応

　二重結合は σ 結合と π 結合とからなる結合であり，その反応は主に π 結合が関与するものとなる．複数個の二重結合が連結すると共役二重結合となるが，その反応性には独特の様相が現れてくる．

第1節 シス付加反応

　二重結合，三重結合などの不飽和結合に2個の基が付加し，それぞれ一重結合，二重結合になる反応を付加反応という．付加する2個の基が同じ場合には一般にシス体とトランス体が生成する．しかし，特殊な例として，シス体のみを与えるシス付加反応とトランス体のみを与えるトランス付加反応がある．

1 接触水素添加

　反応1は接触水素添加あるいは接触還元と呼ばれる反応である．酸化還元の定義からいくと水素と反応するのは還元にあたるので接触還元と呼ばれる．この反応には触媒が不可欠であり，白金やパラジウムを表面積の大きい活性炭素上にコーティングした白金黒やパラジウム黒を触媒とする．

　本章は二重結合の反応を扱う章であるが，反応1の出発物 **1** として三重結合を用いたのは，生成物 **2** において，反応によって導入された2個の水素原子がシス位に入っていることを，強調するためである．**二重結合を用いて反応しても，同じように，2個の水素は分子の同じ側に結合する．**

2 反応機構

　反応機構は図9-1に示したものと考えられている．図Aのように触媒の金属原子（図ではパラジウム）と水素分子が反応して図Bとなる．ここで，水素分子はパラジウムと相互作用（弱い結合）をしている．ということはH–H間の結合は弱まっていることを意味する．このような水素分子は反応性に富むので，特に**活性水素**と呼ばれる．図Cにおいて，この活性水素上に三重結合が来ると，水素は待ってましたとばかりに結合する．このとき，2個の水素原子は同じ側から攻撃することになる．これがシス体のみを与える理由である．

二重結合の反応

みたらしにすべきか
五平モチにすべきか
That is the question!!

ハムレット教授

二重結合の反応って
選択性がからむから
大変ソー．
ボクはヒマワリの種に
決めてイルンダ！

接触水素添加

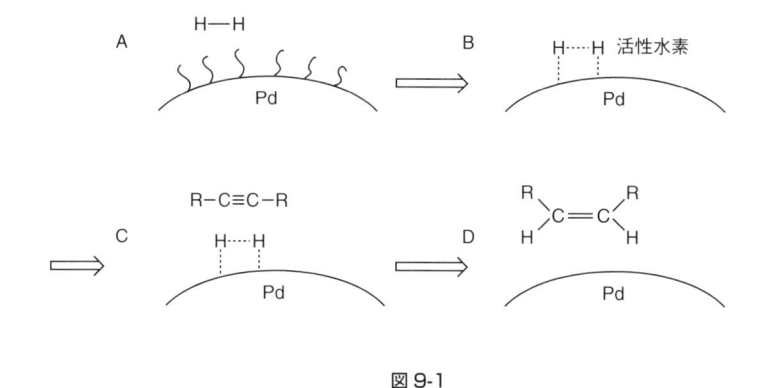

$$R-C\equiv C-R \ + \ H_2 \ \xrightarrow{Pd/C} \ \underset{2}{\underset{H}{R}}C=C\underset{H}{R}$$

（反応1）

$$\underset{1}{R-C\equiv C-R}$$

反応機構

A H—H / Pd

B H····H 活性水素 / Pd

C R−C≡C−R / H····H / Pd

D R\C=C/R H   H / Pd

図 9-1

第1節◆シス付加反応

第2節 トランス付加反応

生成物としてトランス体のみを与える付加反応をトランス付加反応という．

1 臭素付加反応

エチレン誘導体 3 に臭素を反応させると，図9-2に示したように二重結合に臭素が付加した化合物 4 が生成する．**2 個の臭素原子は分子面を挟んで互いに反対側に位置している**．臭素が同じ側にある 5，6 は生成しない．このような反応を**トランス付加**という．この反応は**ブロモニウムイオン**と呼ばれる陽イオン中間体 7 を経由して進行する．

column 結合回転

トランス付加にしろシス付加にしろ，臭素付加された C=C 二重結合は C–C 一重結合に変化する．それなら，生成物を C–C 結合軸で回転させたらシス体はトランス体に変化して，シスもトランスもなくなるではないか．

確かにそのとおりだが，二重結合に付いている置換基によっては，シス付加体を回転させたトランス体は，トランス付加体と違うことになる．ん？ こんなややこしいことは文章による説明ではわからない．実際に絵で見るに越したことはない．

シス付加体 5 を C–C 結合軸で回転させたものが **A** である．トランス付加体 4 と比べて見よう．置換基 P，Q に注意して比べると 4 と **A** では分子右側の置換基 P，Q の配置が反対になっていることがわかる．したがってシス付加体を回転させたものは，トランス付加体とは違うことになる．

シス付加体 6 に対して同じことを行うと **B** になるが，これも明らかに 4 とは異なる分子である．このように，反応がシス付加で進行するかトランス付加で進行するかによって，一般的には異なる生成物が生じるのである．ただし，もし，置換基 P，Q が同じ置換基であった場合にはシス付加とトランス付加は区別できないことになる．

ちなみに **A** と **B** は光学異性の関係にある．すなわち違う物質である．有機化合物の種類が多くなるわけである．

臭素付加反応

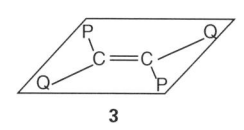

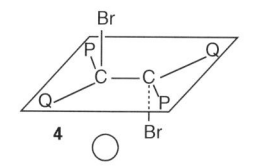

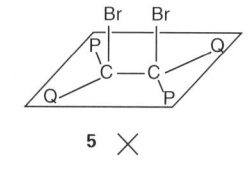

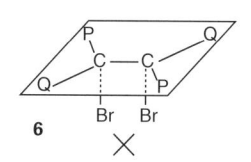

図 9-2

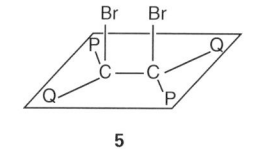

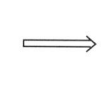

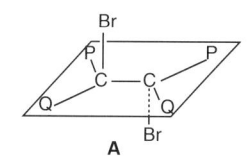

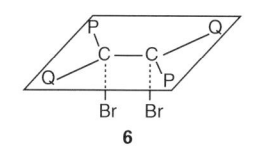

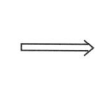

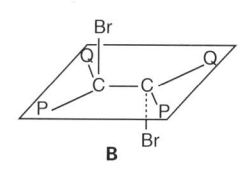

図 C-1

第3節 ハロニウムイオン反応機構

トランス付加反応の反応機構を考えてみよう．前節で見たイオン **7** は臭素（ブロム）が関与するイオンなのでブロモニウムイオンと呼ばれた．このようなイオンでハロゲン元素が関与するものを一般にハロニウムイオンという．

1 臭素分子の開裂

反応はまず臭素分子の開裂によって進行する．イオン的に開裂して臭素陽イオンと陰イオンになる．各々の電子配置を図 9-3 に示した．陽イオンでは 6 個の価電子のうち，2 個は 4s 軌道に入り，残り 4 個が 2 本の 4p 軌道に入る．そのため，1 本の 4p 軌道が**空軌道**となる．それに対して陰イオンのほうは価電子が 8 個となり，4s, 4p 軌道がすべて満杯となる．

2 反応機構

図 9-4 において，分子 **8** は出発物 **3** の結合様式を表したものである．π 結合を構成する 2 本の 2p 軌道が分子面に垂直に立っている．ここへ臭素陽イオンがやってくる．このような**陽イオンによる攻撃を負電荷（電子）を求めての攻撃と考えて求電子攻撃と呼び，陽イオンを求電子試薬と呼ぶ**ことがある（第 8 章第 1 節参照）．

臭素陽イオンは，4p 軌道の空軌道の羽根をひらひらさせたチョウのようなイメージである．このチョウが π 結合に止まる．まるで 2 本の p 軌道に空軌道の羽根を預けたようなようすを **9** に示した．これは**一般にハロニウムイオンと呼ばれる陽イオン中間体であり，ハロゲン元素が臭素の場合には特にブロモニウムイオンといわれる**．

ブロモニウムイオン **9** を臭素陰イオンが攻撃すれば最終生成物を与えることになる．しかし，**9** において分子面の片側は先ほど攻撃した臭素原子によってふさがれている．したがって，新たに攻撃する陰イオンは，空いている下側から攻撃する以外ないことになる．これがトランス付加になる理由である．

2 本の p 軌道のどちらを攻撃するかによって **4** あるいは **4'** を生成することになる．図の例では **4** と **4'** は同じものであるが，一般的には違う構造の生成物となる．

臭素分子の開裂

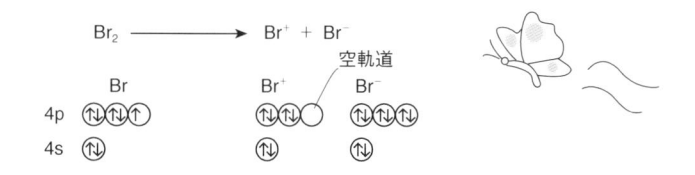

図 9-3

反応機構

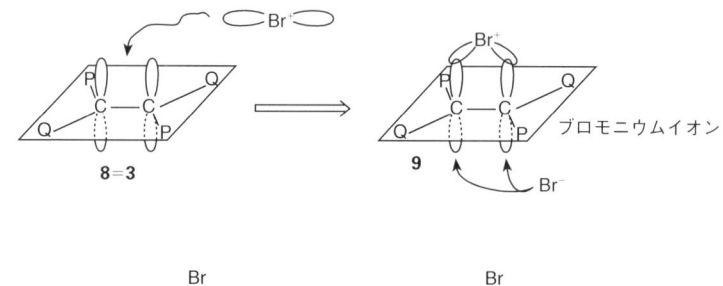

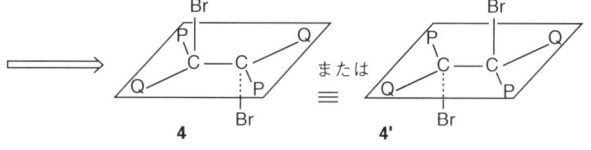

図 9-4

第4節 マルコフニコフ則

第 8 章第 5 節で脱離反応に伴う反応の選択性について説明した．付加反応でも選択性が関与する反応がある．

1 HBr 付加反応

反応 2 のように臭化水素 HBr はエチレン誘導体 10 に付加して 11 を与える．化合物 12 は左右非対称な化合物である．このような場合には，どちらの炭素に水素が付加するかによって 13 と 14 の 2 種の生成物が生じる可能性がある．しかし，反応は選択的に進行し，14 のみを与える．13 は生じないのである．なぜだろうか．

2 反応機構

反応機構は図 9-5 のように考えられる．

HBr が解離して H^+ と Br^- になる．反応は H^+ による求電子攻撃で開始される．このときに選択性が現れる．攻撃 a によって陽イオン中間体 15 を生じるか，それとも b によって 16 を与えるかである．15 か 16 が生成すれば，最終生成物になるには Br^- が攻撃しさえすればよい．

陽イオン 15，16 をその安定性から検討してみよう．

陽イオン炭素 C^+ についているアルキル基の数を調べてみよう．15 についているアルキル基の個数は 2 個である．それに対して，16 では 3 個のアルキル基がついている．第 7 章第 4 節で見たことを思い出してみよう．**アルキル基は電子供与性であった．自身が結合している炭素に電子を与える性質があった．**

陽イオン炭素はアルキル基がたくさん付くほど安定化される．陽イオン 15 と 16 を比べると 16 のほうが安定である．出発物 12 を H^+ が求電子攻撃する際，攻撃 b によって陽イオン 16 を生じ，その結果，生成物は 14 となったのである．

このように，**非対称な二重結合にハロゲン化水素が付加する際に，置換基の多い炭素にハロゲンが付加する現象をマルコフニコフ則という．**しかし，このような規則は暗記するのではなく，ここで説明したことを理解すれば事足りることである．暗記は少ないに越したことはない．

HBr 付加反応

$$\underset{10}{\overset{R}{\underset{R}{>}}C=C\overset{R}{\underset{R}{<}}} + HBr \longrightarrow \underset{11}{R-\overset{R}{\underset{H}{C}}-\overset{R}{\underset{Br}{C}}-R} \quad \text{(反応2)}$$

$$\underset{12}{\overset{R}{\underset{R}{>}}C\vdots C\overset{R}{\underset{H}{<}}} + HBr \longrightarrow \underset{\underset{\times}{13}}{R-\overset{R}{\underset{H}{C}}-\overset{R}{\underset{Br}{C}}-H} \quad \underset{\underset{\bigcirc}{14}}{R-\overset{R}{\underset{Br}{C}}-\overset{R}{\underset{H}{C}}-H} \quad \text{(反応3)}$$

反応機構

$$HBr \longrightarrow H^+ + Br^- \quad \text{(反応4)}$$

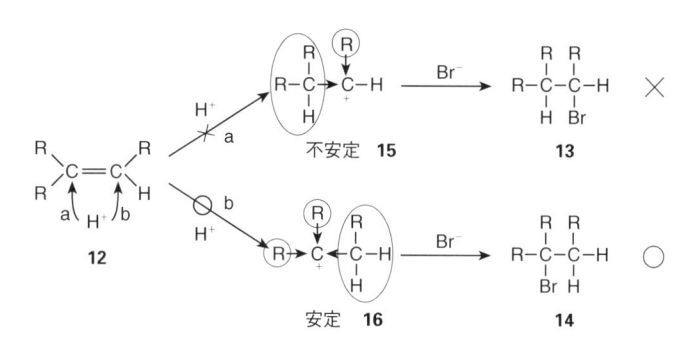

図 9-5

第5節 環状付加反応

共役二重結合が関与する反応に環状付加反応がある．ディールス-アルダー反応はその典型的な例である．

1 ディールス-アルダー反応

反応 5 はディールスとアルダーによって発見されたことからディールス-アルダー反応と呼ばれるものである．ブタジエン誘導体 **17** とエチレン誘導体 **18** が 2 箇所（1 と 6，4 と 5）で反応して六員環オレフィン **19** が生じる．

2 反応機構

図 9-6 にディールス-アルダー反応の反応機構を示した．分子 **17** と **18** の両端の p 軌道が重なって σ 結合を形成すれば生成物を与える．この際，p 軌道は第 3 章第 3 節で見たように σ 結合ができるように重ならなければならない．そのためには反応の遷移状態において **21** のような立体配置を取る必要があることになる．その結果生じる生成物は **19** である．図 9-6 では **19** は曲がった構造で書いてあるがこれは **21** の構造を反映させただけのことで，分子としては反応 5 の **19** と同じものである．

---

column　二重結合の定性反応

分子の構造を決定する際にその分子が二重結合を含むかどうかは大きな問題である．二重結合の有無は臭素との反応で知ることができる．第 2 節で見たように二重結合は臭素と付加する．しかし，一重結合は付加反応できない．有機化合物は一般に無色が多い．そして臭素は赤褐色の濃い色を持つ．

実験は簡単である．二重結合を持つ無色の化合物に赤褐色の臭素を加える（A）．両者は反応して無色の一重結合化合物になる（B）．一方，無色の一重結合化合物に臭素を加えても（C）反応は起こらない．すなわち，臭素はそのまま試験管内に臭素として残るので，試験管内は赤褐色となる（D）．

すなわち臭素を加えて，臭素の色が消えたらその化合物は二重結合を持っていることになる，という寸法である．

ディールス - アルダー反応

17 + **18** ⟶ **19**　　　　（反応5）

反応機構

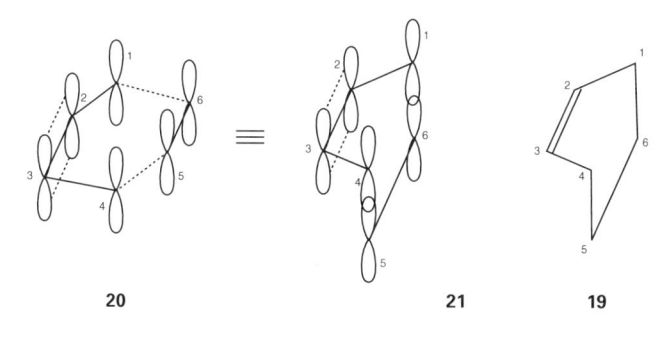

20 ≡ **21**　　**19**

図 9-6

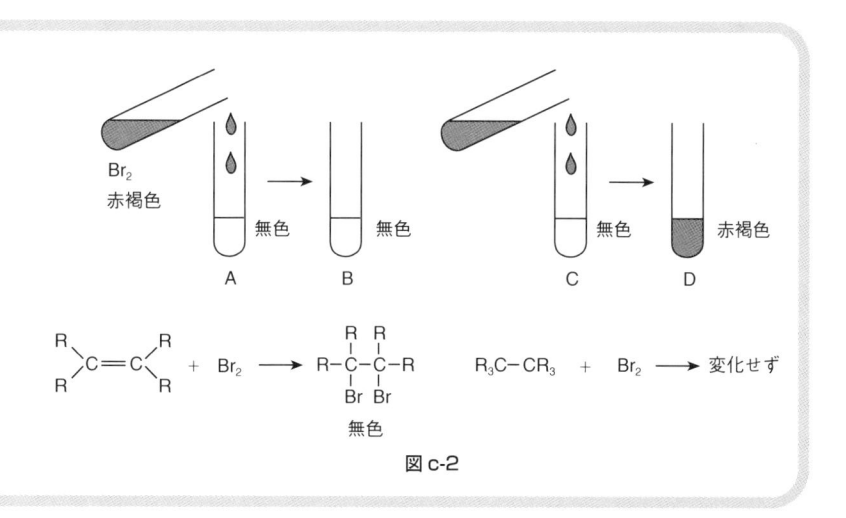

$$R_2C=CR_2 + Br_2 \longrightarrow \underset{\underset{\text{無色}}{Br\ Br}}{R-\overset{R}{\underset{|}{C}}-\overset{R}{\underset{|}{C}}-R}$$

$$R_3C-CR_3 + Br_2 \longrightarrow 変化せず$$

Br₂ 赤褐色　A　無色　B　無色　　C　無色　D　赤褐色

図 c-2

第6節 立体選択性

　生成物として立体的に異なる 2 種あるいはそれ以上の異性体を生じる可能性があるのに，特定の 1 種しか生成しない反応がある．このような反応を立体選択的な反応という．

1　2 種類の生成物

　ディールス-アルダー反応の特徴はその立体選択性にある．シクロペンタジエン **22** と無水マレイン酸 **23** とをディールス-アルダー反応すると環状付加体 **24** を与える．**24** には立体異性体が存在し，それは図 9-7 の **25** と **26** である．

　タヌキ君の図のように，分子の主要部分を傘にたとえて，他の部分が傘の内側（endo）にあるか，外側（exo）にあるかによって **25** をエンド付加体，**26** をエキソ付加体と呼ぶ．**ディールス-アルダー反応ではもっぱらエンド付加体が主生成物として生じる．**

2　立体選択的反応機構

　選択性は図 9-7 によって説明される．

　前節で反応機構は遷移状態 **21** を通って進行することを見た．今回の反応の遷移状態における **22** と **23** の重なり方には，**27** と **28** の 2 通りがあることがわかる．**27** からは **25**，**28** からは **26** が生じる．違いは反応分子 **22** と **23** が重なるときの，両分子の方向の違いである．

　遷移状態 **28** に点線で示した相互作用は生成物の σ 結合になる相互作用である．このような相互作用を一次相互作用と呼ぶ．しかし，もう一方の遷移状態 **27** では一次相互作用のほかに，細い点線で表した二次相互作用も存在している．この相互作用は遷移状態でのみ存在する相互作用であり，生成物には残らない．

　しかし，**相互作用が多いことは第 4 章第 7 節で見た非局在化が広がったことにつながり，安定化の効果をもたらす．**このため，反応はもっぱら **27** を経由して進行することになる．すなわち，生成物は **25** が主生成物となるわけである．

2種類の生成物

(反応6)

22 + **23** → **24**

立体選択的反応機構

25 *endo* 体

26 *exo* 体

外側 (*exo*)
傘の内側 (*endo*)

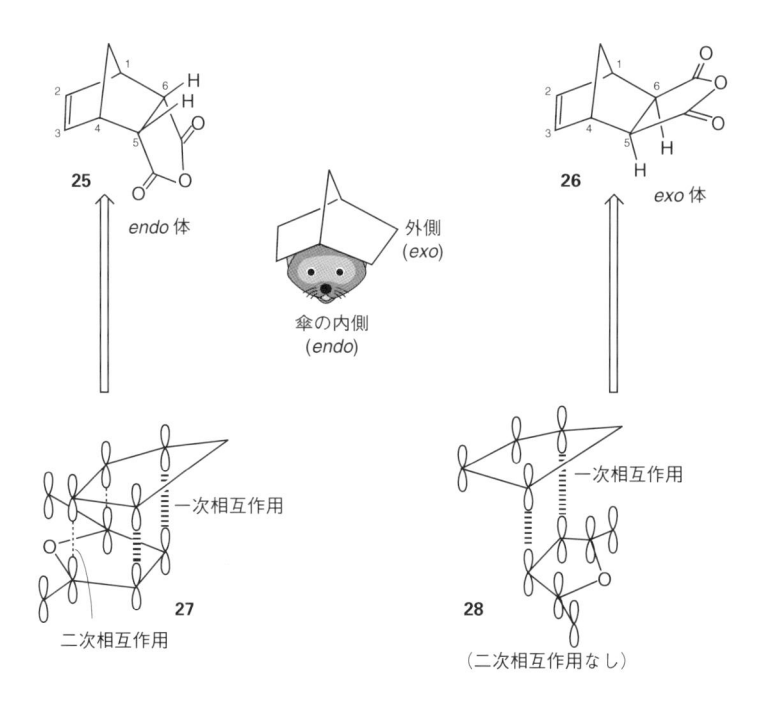

27 一次相互作用 / 二次相互作用

28 一次相互作用 （二次相互作用なし）

図9-7

第7節 酸化反応

二重結合の特徴の一つは酸化されやすいことである．二重結合の酸化反応は多くの種類が知られている．

1 オゾン酸化

オゾンを用いる酸化である．**29** をオゾンで酸化すると五員環中間体 **30** を生じる．**30** を亜鉛触媒で分解して最終生成物を得ることになる．このときの反応条件によって生成物が異なってくる．

過酸化水素を用いて分解するとケトン 31 とカルボン酸 32 が生じる．しかし，酸性条件で分解すると，アルデヒド 33 が得られる．アルデヒドは酸化されやすい性質を持つため，ほかの酸化法ではさらに酸化されてカルボン酸 **32** になってしまう．オゾン酸化の優れた点である．

合成反応では，どのような生成物が欲しいかによって，反応を使い分ける．そのためにも，多くの反応を発見，開発する努力はたいせつなことになる．

2 ヒドロキシル化

二重結合を酸化してヒドロキシル基を導入する反応である．

29 をボロンハイドライド（BH_3）を用いて酸化すると中間体 **34** を生じる．**34** を過酸化水素で酸化的に分解するとアルコール誘導体 **35** を生成する．

一方，**29** を過マンガン酸カリウムを用いて酸化すると，中間体 **36** を経由して二価のアルコール誘導体 **37** を生成する．これは同じ化合物のヒドロキシル化で，試薬を変えることによって，違った生成物を与える例である．

3 エポキシ化

29 を過酸 **38** を用いて酸化すると中間体 **39** を経て **40** を与える．**40** のように，三員環の一角に酸素原子が入ったものをエポキシド（オキシラン）という．

オゾン酸化

反応条件で生成物が変わりマース

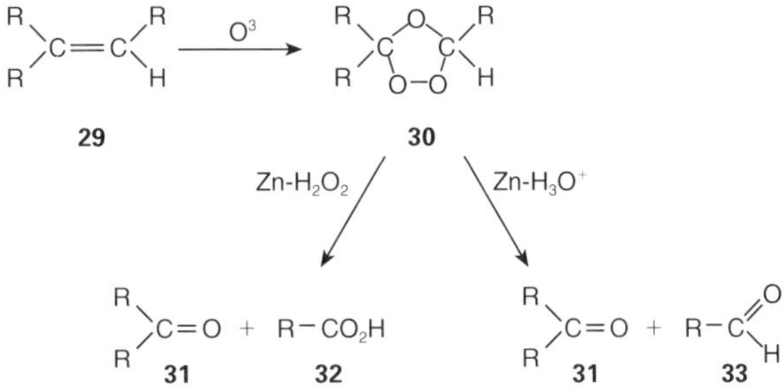

$$29 \xrightarrow{O_3} 30$$

$30 \xrightarrow{Zn-H_2O_2} 31 + R-CO_2H \; (32)$

$30 \xrightarrow{Zn-H_3O^+} 31 + 33$ (R-CHO)

図 9-8

ヒドロキシル化

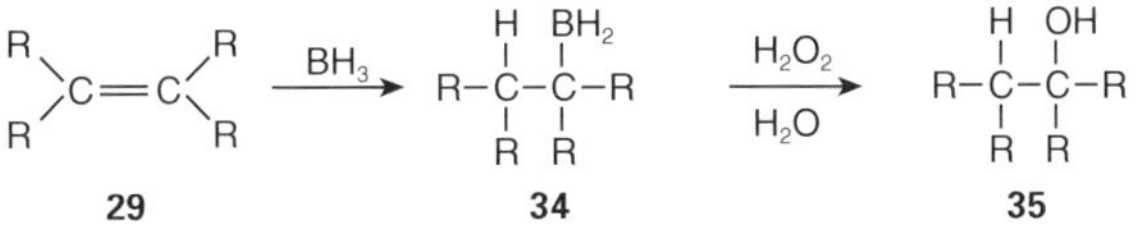

$29 \xrightarrow{BH_3} 34 \xrightarrow{H_2O_2, H_2O} 35$ （反応7）

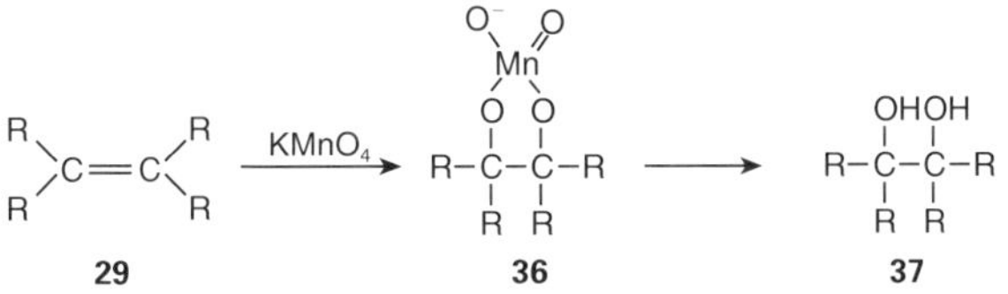

$29 \xrightarrow{KMnO_4} 36 \longrightarrow 37$ （反応8）

エポキシ化

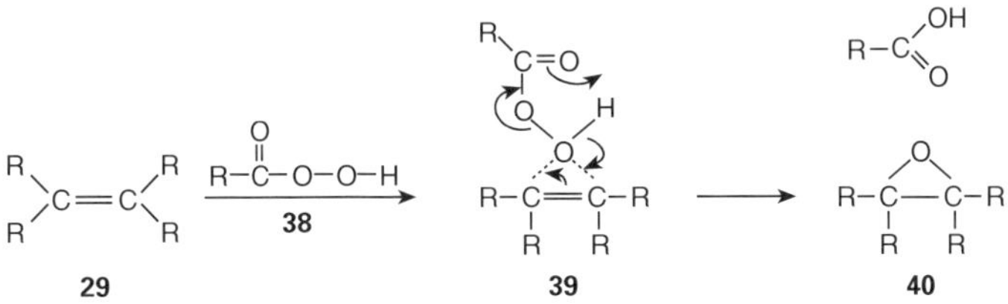

$29 \xrightarrow{R-CO-O-O-H \; (38)} 39 \longrightarrow 40 + R-COOH$ （反応9）

第8節 光が起こす光化学反応

二重結合の関与する反応の多くは加熱条件によって起こるが，光照射によって起こる反応がある．これを光化学反応という．熱反応において分子は基底状態で反応し，光反応では励起状態で反応する．

1 フロンティア軌道

1981年福井教授がノーベル賞を受けたのは，教授が考え出したフロンティア軌道理論によって有機化学の発展に貢献したからであった．フロンティア軌道理論とはどのような理論であろう．

原子の性質は価電子の数によって影響される．価電子が1個のアルカリ金属元素は+1価の陽イオンとなり，7個のハロゲン元素は-1価の陰イオンとなる．価電子とは，最もエネルギーの高い電子殻に収容された電子のことである．

同様に考えれば**分子の性質も，最もエネルギーの高い分子軌道に入った電子によって左右されるのではないだろうか．これがフロンティア軌道理論の基本的な考え方である．**原子において最もエネルギーの高い殻とは，原子核から最も遠い所を回る殻である．そして，原子がほかの原子と反応するときには真っ先に第一線に立って反応する電子である．これはアメリカ開拓時代の開拓者フロンティアではないか．ということで**電子の入っている軌道で最もエネルギーの高い軌道をフロンティア軌道と名づけた．**

2 励起状態

図 9-10 は分子が光照射によってどのような変遷をたどるかを示したものである．何もなければ，分子はできるだけエネルギーの低い軌道に電子を入れた基底状態にいる．ここに，適当なエネルギーを持った光が照射されると，HOMO の電子はそのエネルギーを吸収して LUMO へ遷移する．この状態を励起状態という．

すなわち，**熱反応する分子のフロンティア軌道は HOMO であり，光反応する分子のフロンティア軌道は LUMO であるということになる．**このことが具体的にどのように反映するかは次節で見ることにしよう．

フロンティア軌道

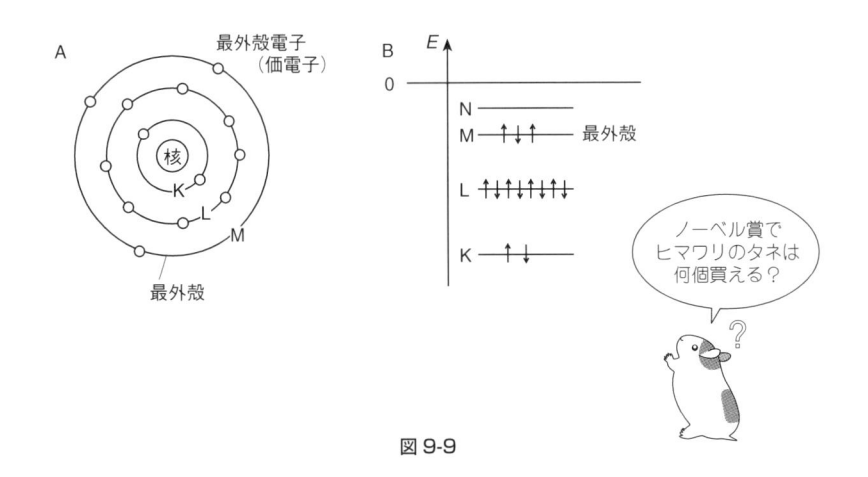

図 9-9

励起状態

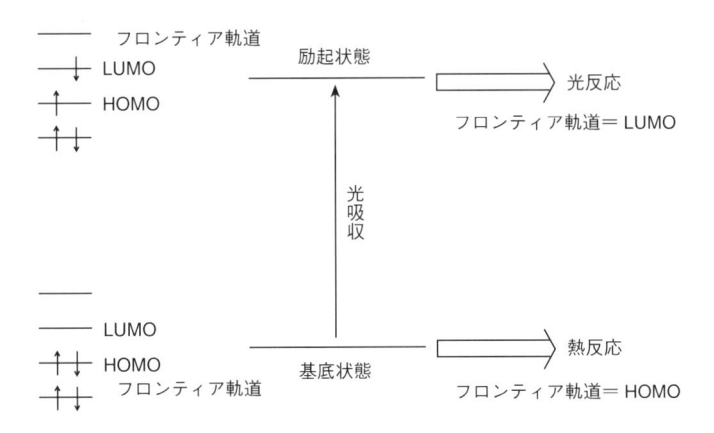

図 9-10

第9節 閉環反応の熱と光

光反応と熱反応の違いがわかりやすい形で現れた反応に閉環反応がある．閉環反応とは直鎖状の共役化合物が環状化合物に変化する反応である．

1 閉環反応

図 9-11 はブタジエン誘導体 **41** の閉環反応である．**41** を加熱するとシクロブテン誘導体 **42** を与える．**41** は光照射でも閉環するが，その生成物は **43** である．両者の違いは置換基 X，Y の立体関係である．**43** では両端の X，Y は同じ側にある（シス）が **42** では反対側にある（トランス）．

2 フロンティア軌道

図 9-12 はブタジエンの軌道エネルギー準位である．前節で見たように，熱反応，光反応を支配するフロンティア軌道はそれぞれ HOMO と LUMO である．HOMO は反対称であり LUMO は対称である（第 4 章第 4 節）．

3 閉環の方向

図 9-13 は HOMO，LUMO を反応分子 **41** に重ねたものである．**41** の 1 位と 4 位の間に σ 結合を作るためにはそれぞれの位置にある p 軌道が 90°倒れればよい（第 3 章第 3 節）．問題は倒れる方向である．結合性の相互作用ができるように倒れなければ結合は生成しない（第 4 章第 2 節）．結合性相互作用とは符号の同じ軌道の間の相互作用である．

HOMO **45**，LUMO **44** それぞれで，軌道が同じ符号で接するように倒れるのは矢印で示した方向である．**44** では 1 位の軌道は右回り，4 位の軌道は左回りと**逆向き（dis）**に倒れなければならない．それに対して HOMO では 1 位，4 位両方ともが右回りあるいは左回りと，**同じ向き（con）**に倒れなければならない．

これがすべてである．軌道の回転と同時にその炭素に付いている置換基も回転することになる．その結果は光反応では **43**，熱反応では **42** が生成物となる．これは実験結果とぴったり一致する．

閉環反応

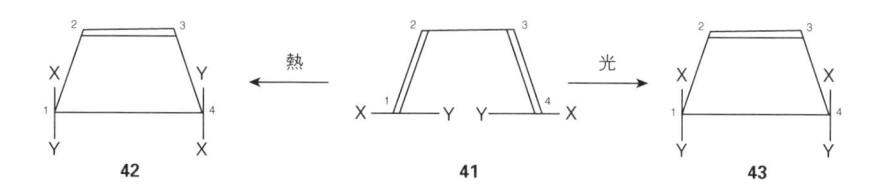

41 →(熱) **42**
41 →(光) **43**

図 9-11

フロンティア軌道

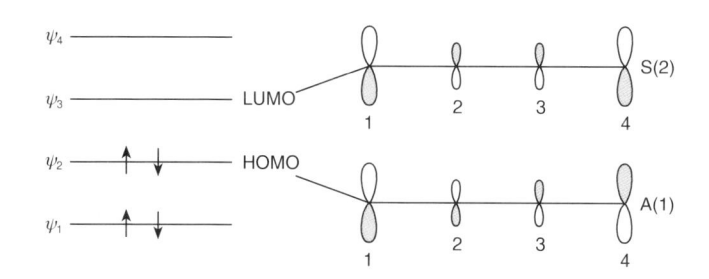

ψ'_4
ψ'_3 —— LUMO —— S(2)
ψ'_2 ↑↓ —— HOMO —— A(1)
ψ'_1 ↑↓

図 9-12

閉環の方向

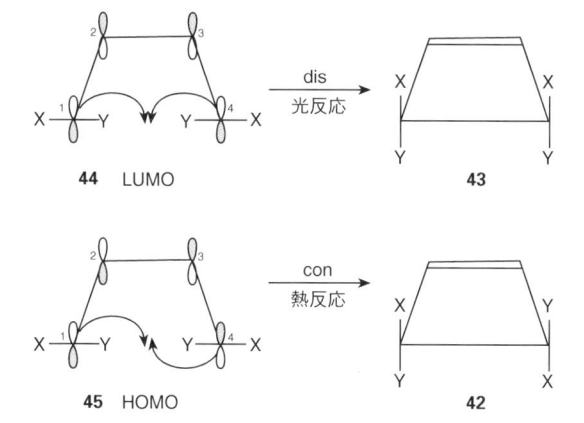

44 LUMO →(dis / 光反応) **43**

45 HOMO →(con / 熱反応) **42**

図 9-13

第 9 節 ◆ 閉環反応の熱と光

10章 芳香族の反応

先に第6章第3節で見たように，芳香族化合物は特有の性質と反応性を持っていた．ここで，芳香族化合物の反応性について見て行くことにしよう．

第1節 芳香族の反応性

反応面から見た芳香族化合物の特色はその安定性である．安定であるということは変化しないということであり，要するに反応性に乏しいということである．

1 芳香族の安定性

図 10-1 は芳香族化合物の代表，ベンゼンの電子配置を基に，芳香族化合物の性質をまとめたものである．

6個の π 電子のすべてがエネルギーの低い結合性軌道に入っているため，熱力学的（エネルギー的）に安定である．不対電子が存在しないため，反応面から安定である．無理な結合角などが存在しないため，構造的に安定である．

このような理由により，芳香族の安定性は確固たるものになっている．

2 付加反応

芳香族化合物の安定性を裏づける事実は付加反応をしないということである．反応 1, 2 はベンゼンが行った数少ない付加反応の例である．

反応 1 はベンゼンとアセチレン誘導体がルイス酸触媒（$AlCl_3$）存在下で反応して生成物 2 を与えた例である．反応 2 は同じアセチレンとの付加反応を光反応で進行させることにより，中間体 3 を経由して生成物 4 を生じた例である．なお，3 から 4 への異性化は第 6 章第 2 節で見た結合異性反応の一種である．

生成物 2, 4 は芳香族化合物ではない．すなわち，**付加反応を行うと，芳香族化合物としての安定性が失われてしまう．これがベンゼンが付加反応を行わない理由である．言い換えれば，反応の後にも芳香族安定性が確保されれば，反応が起こる可能性がある．置換反応はその可能性のある反応の一種である．**

芳香族化合物の行う反応の多くは置換反応である．

芳香族の反応

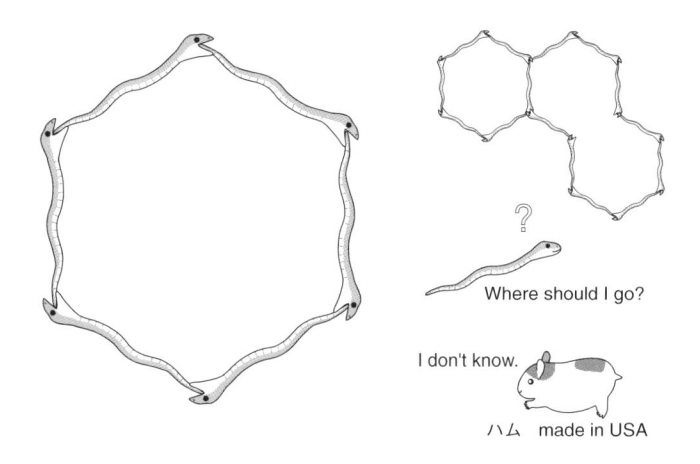

Where should I go?

I don't know.

ハム　made in USA

芳香族の安定性

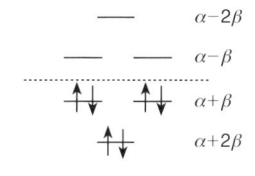

― $\alpha-2\beta$

― ― $\alpha-\beta$

⇅ ⇅ $\alpha+\beta$

⇅ $\alpha+2\beta$

○ 軌道エネルギー的安定性
　$E_\pi = 4\beta$

○ 反応的安定性
　不対電子存在せず

○ 構造的安定性
　高歪み結合存在せず

図 10-1

付加反応

（反応1）

（反応2）

第 1 節 ◆ 芳香族の反応性

第2節 求電子的置換反応 S_E 反応

先に第8章第1, 2節で見た求核置換反応（S_N 反応）とは逆に，求電子的置換反応（Electrophilic Substitution Reaction）とは陽イオンである求電子試薬が攻撃することによって起こる置換反応である．

1 置換反応

反応3はベンゼン環上で起こる置換反応の一般式である．ベンゼンが試薬 XY と反応してベンゼン誘導体 **5** を与える．

反応4は反応3を，水素の移動がよくわかるように書き換えた図である．**1'** はベンゼン **1** の水素の配置を表したものである．ベンゼンが試薬 X$^+$Y$^-$ と反応すると，**1'** の水素の1個が X に置き換わり，脱離した水素（H$^+$）は Y$^-$ といっしょになって HY となっている．

この反応では陽イオン X$^+$ がベンゼン環の炭素を攻撃している．このように，**陽イオンの攻撃を，電子の負電荷を求めての攻撃と考えて，求電子攻撃，X$^+$ を求電子試薬という．**

2 反応機構

反応機構は反応5で表される．

求電子試薬 X$^+$ がベンゼンを求電子攻撃して中間体陽イオン **6** を生じ，ここから H$^+$ が脱離して生成物 **5** を与えるものである．

以上のことを，電子の動きがよくわかるように解説したのが反応6である．

分子 **7** はベンゼンであるが，1本の π 結合を電子対で表してある．この電子対が X$^+$ を捕まえに出動したのが **7** であり，X を捕まえた状態が **8** である．**8** では2位の炭素上に π 電子がなくなり，+ となっている．この状態はすなわち，反応5における中間体 **6** である．

6 の CH σ 結合を電子対で表したのが **9** である．この電子対を，2位の炭素上の + 電荷を中和するようにベンゼン環の中に入れると **10** となる．**10** では π 結合が再生され，ベンゼン環が復活している．これはすなわち最終生成物 **5** にほかならない．

置換反応

$$\underset{1}{\bigcirc} + XY \longrightarrow \underset{5}{\bigcirc-X} + HY \quad （反応 3）$$

$$\underset{1'}{C_6H_6} + X^+Y^- \longrightarrow \underset{5'}{C_6H_5X} + HY \quad （反応 4）$$

反応機構

（反応 5）

（反応 6）

ヤヤコチー！

3 スルホン化反応

このページに示した反応はすべて，反応 3 の実例である．したがって反応機構は反応 6 に示したとおりである．

スルホン化反応について少し詳しく説明しよう．反応 7 に示したようにベンゼンに硫酸 11 を反応するとベンゼンスルホン酸 12 を生じる．反応は，反応 8 に従って硫酸がヒドロキシル陰イオンとスルホン酸陽イオン 13 に解離することから始まる．13 が反応 6 における求核試薬 X^+ に相当する．13 がベンゼンを求核攻撃し，中間体陽イオン 14 を生成する．これは反応における中間体陽イオン 6 に相当する．最後に H^+ を外せば最終生成物 12 となる．

4 ニトロ化反応

ベンゼンに硫酸存在下で硝酸 15 を作用するとニトロベンゼン 16 を生じる．硝酸は反応 11 のように解離してニトロニウム陽イオン 18 を生成する．18 が反応 6 の X^+ に相当する．

5 ハロゲン化反応

ベンゼンに臭化鉄(Ⅲ) 20 存在下，臭素を作用させると臭化ベンゼン 19 を生じる．反応 13 に従って臭素と 20 から生じた臭素陽イオン（Br^+）が X^+ に相当することになる．

6 フリーデル-クラフト反応

二人の発見者の名前をとってフリーデル-クラフト反応と呼ばれる反応である．このように，**人の名前（多くは発見者）の名称がついた反応を人名反応ということがあり，重要な反応であることが多い．**

ベンゼンに塩化アルミニウム 24 存在下，塩化アルキル 23 を作用させるとアルキルベンゼン 25 を生じる．反応 15 に従って 23 と 24 から生じたアルキル陽イオン 26 が X^+ に相当する．

スルホン化反応

$$\text{C}_6\text{H}_6 + \text{H}_2\text{SO}_4 \longrightarrow \text{C}_6\text{H}_5\text{SO}_3\text{H} + \text{H}_2\text{O}$$
11　　　　　　　　　　12　　　　　　　　(反応 7)

$$\text{H-O-S(O)}_2\text{-OH} \longrightarrow \text{HO}^- + {}^+\text{S(O)}_2\text{-OH}$$
11　　　　　　　　　　　　　　　　　13　　(反応 8)

$$\text{C}_6\text{H}_6 + {}^+\text{S(O)}_2\text{-OH} \longrightarrow \text{[arenium intermediate]} \longrightarrow \text{C}_6\text{H}_5\text{SO}_3\text{H}$$
13　　　　　　　　　　　14　　　　　　　12　　(反応 9)

ニトロ化反応

$$\text{C}_6\text{H}_6 + \text{HNO}_3 \xrightarrow{\text{H}_2\text{SO}_3} \text{C}_6\text{H}_5\text{NO}_2$$
15　　　　　　　　　　　　　　16　　　　(反応 10)

$$\text{H-O-NO}_2 \xrightarrow{\text{H}_2\text{SO}_4} \text{H}_2\text{O}^+\text{-NO}_2 \xrightarrow{-\text{H}_2\text{O}} \text{NO}_2^+$$
15　　　　　　　　　　　17　　　　　　　　18　　(反応 11)

ハロゲン化反応

$$\text{C}_6\text{H}_6 + \text{Br}_2 \xrightarrow{\text{FeBr}_3} \text{C}_6\text{H}_5\text{Br}$$
　　　　　　　20　　　　　　19　　　(反応 12)

$$\text{Br}_2 + \text{FeBr}_3 \longrightarrow \text{Br}^+ + \text{FeBr}_4^-$$
20　　　20　　　　　　21　　　22　　(反応 13)

フリーデル-クラフト反応

人名反応デス

$$\text{C}_6\text{H}_6 + \text{R-Cl} \xrightarrow{\text{AlCl}_3} \text{C}_6\text{H}_5\text{R}$$
　　　　　23　　　24　　　25　　(反応 14)

$$\text{R-Cl} + \text{AlCl}_3 \longrightarrow \text{R}^+ + \text{AlCl}_4^-$$
23　　　24　　　　　　26　　　27　　(反応 15)

第3節 位置選択性

前節で，ベンゼンに硝酸を作用させるとニトロ基が導入されてニトロベンゼンが生成することを見た．

反応 16 は塩化ベンゼン **28** に硝酸を作用させた例である．ニトロ化が進行してベンゼン環にニトロ基が導入される．問題はニトロ基の位置である．塩素との位置関係から，3 種の異性体が生成する可能性がある．オルト体 **29**，メタ体 **30**，パラ体 **31** である（第 2 章第 6 節参照）．ところが，実際に生成するのは **29** と **31** である．**30** は生成しない．

このように，いろいろな位置で起こりうる反応が，実際には特定の位置でしか起こらない現象を**位置選択性**という．塩化ベンゼン **28** では**オルト位とパラ位でしか反応が進行しないので特にオルト・パラ配向**という．また，それは置換基として塩素がついているせいと考えられるので，塩素をオルト・パラ配向性の置換基という．

反応 17 はベンゾニトリル **32** にニトロ化を行った例である．この反応ではメタ体 **34** は生成するが，オルト体 **33** とパラ体 **35** は生成しない．

この**反応はメタ配向であり，したがってニトリル基はメタ配向性の置換基**ということになる．

column ベンザイン

ブロムベンゼン **A** を液体アンモニア中アミンで反応するとアニリンが生成する．ところが，**A** の臭素が置換している炭素原子を ^{13}C で標識して反応したところ，2 種類のアニリンが生成していることがわかった．**B** と **C** である．この反応は，臭素がアミノ基で置換されたという反応機構では説明できない．

研究の結果，この反応は置換反応ではなく，付加脱離の二段階機構で進行することが明らかとなった．第一段階の HBr 脱離で生じるのが **D** である．**D** は六員環内に三重結合を持つ非常に不安定な中間体でベンザインと呼ばれるものである．この三重結合にアンモニア分子が付加すれば **B** と **C** が生じる．

ベンザインの三重結合の結合状態は特殊であり，平行な 2 本の sp^2 混成軌道が横腹を接したような疑似 π 結合といわれるものである．

位置選択性

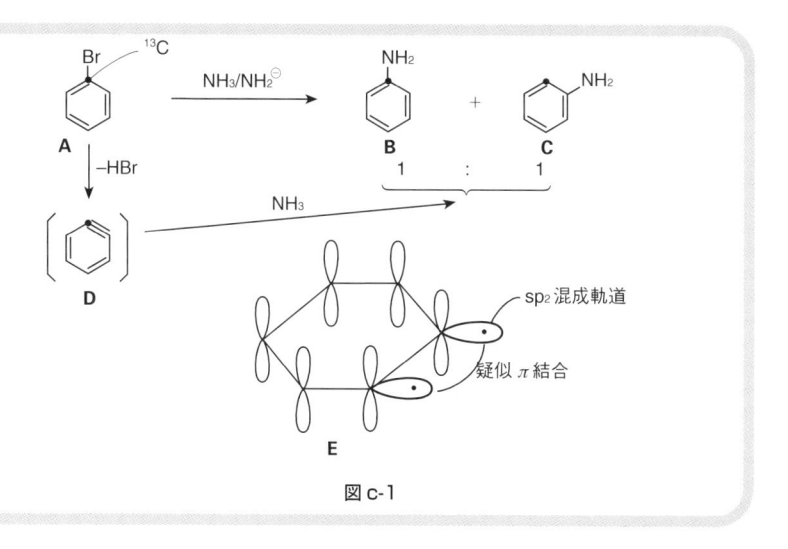

(反応16)

28 → ニトロ化 → 29 ○ / 30 × / 31 ○

(反応17)

32 → ニトロ化 → 33 × / 34 ○ / 35 ×

A → (−HBr) → D → NH₃ → B : C = 1 : 1

A + NH₃/NH₂⁻ → B + C

E: sp₂ 混成軌道、疑似 π 結合

図 c-1

第4節 オルト・パラ配向

位置選択性が起こる原因を考えて見よう．このような場合に便利な考えに共鳴がある．共鳴とは，原子核の位置を変えず，電子の位置（結合）だけを変えた構造（極限構造）をいくつか考え，実際の分子の性質は極限構造の性質を反映している，と考えることである．

1 オルト・パラ配向機構

36，37，38 は 28 の極限構造である．これらが共鳴の関係にあるということを表すには両頭の矢印を用いる約束になっている．したがって，**実際の塩化ベンゼン 28 の性質はこれら四つの構造の平均のようなものと考えられる**．といっても，わかりにくいと思う．以下に説明してゆこう．

2 電荷分布

さて，28 の性質が 36，37，38 の性質を反映するとはどういうことだろうか．電荷分布を見てみると，36 は左のオルト位が −，37 はパラ位，38 は右のオルト位がそれぞれ − である．これをまとめたのが図 10-2 の構造式である．

オルト位とパラ位が $\delta-$ になっている．すなわち，塩化ベンゼンではオルト位とパラ位が − に荷電しているのである．さて，このような塩化ベンゼンに求電子試薬 X^+ が攻撃するとしたら，どこを攻撃するか．当然，オルト位とパラ位であろう．オルト・パラ配向性の置換基を図に示した．

> **column　電子対の移動：電子供給基**
>
> 先に見た反応 6 と同様に電子対の移動を考えてみよう．**A** は 28 の π 結合と，塩素上の非共有電子対を電子対で表したものである．二つの電子対を矢印に従って移動すると **B** になる．**B** は結果的に塩素の非共有電子対が C2 位に移動したことになる．電荷で表すと反応 18 の **36** となる．**36** の部分結合を電子対で表すと **C** になる．電子対を矢印に従って動かすと **D** となり，電荷分布で表せば反応 18 の **37** である．以下，同様に繰り返せば **38** となる．

―――― オルト・パラ配向機構 ――――

28 ↔ 36 ↔ 37 ↔ 38　　　　（反応18）

―――― 電荷分布 ――――

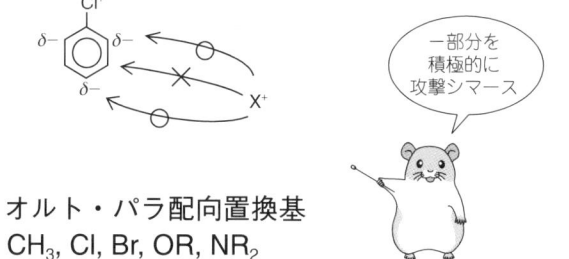

オルト・パラ配向置換基
CH$_3$, Cl, Br, OR, NR$_2$

一部分を
積極的に
攻撃シマース

図 10-2

A ↔ B ≡ 36 ≡ C ↔ D ≡ 37 ≡ E ↔ F ≡ 38

図 c-2

第4節◆オルト・パラ配向

第5節 メタ配向

メタ配向性の原因についても，前節のオルト・パラ配向性と同様に共鳴理論で説明できる．

1 メタ配向機構

共鳴理論によれば，ベンゾニトリル **32** の性質は反応式 19 に示した極限構造 **39**，**40**，**41** の性質を反映したものと考えられる．電子求引性置換基であるニトリル基がベンゼン環の電子を引き付け，ベンゼン環を電子不足状態のプラスに荷電させる．そのプラス電荷の割合がベンゼン環の位置によって異なるのである．

2 電荷分布

図 10-3 に電荷分布をまとめた．オルト位とパラ位が + に荷電している．このような分子に求電子攻撃をするには，どの位置を攻撃すればよいか．最善の方法は + に荷電した位置を避けることである．そのためにはメタ位を攻撃するしかない．

先ほどの**オルト・パラ配向では積極的に負電荷を攻撃した．しかし，メタ配向の場合には，いわばしかたなくメタ位を攻撃する．消極的な選択である．こ**れは反応性に影響する．オルト・パラ配向性の置換基は反応を促進する．しかし，**メタ配向性置換基は反応性を落とす．**

メタ配向性置換基を図にまとめた．

---

column　電子対の移動：電子求引性

ベンゾニトリル **32** を極限構造式 **39**，**40**，**41** のような電子構造にするための電子対の動きを図に示した．前ページのコラムで見たのと同じように動かせばよい．ここの電子対の動きを注意深く追って見るのは，よい練習になるだろう．

メタ配向機構

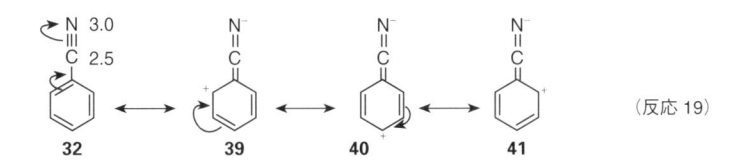

(反応19)

32 ↔ **39** ↔ **40** ↔ **41**

N 3.0
C 2.5

電荷分布

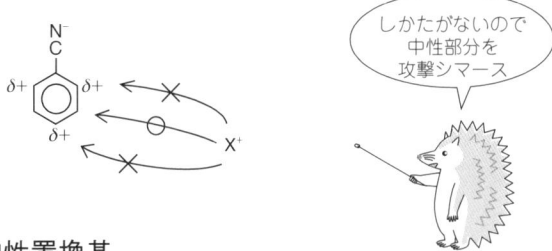

しかたがないので中性部分を攻撃シマース

メタ配向性置換基
$-CN$, $-NO_2$, $-CO_2H$, $-CO_2R$, $-COR$, $-SO_3H$

図10-3

A → B ≡ 39 ≡ C → D
≡ 40 ≡ E → F ≡ 41

11章 官能基の反応

官能基は分子に特有の性質と反応性を与えるだけでなく，官能基自身が特有の反応を起こす．ここでは官能基の反応性を見て行くことにする

第1節 ヒドロキシル基の反応

ヒドロキシル基を持つ化合物は一般にアルコール類と呼ばれる．アルコールは，水の水素原子 1 個が置換基で置き換わったものとみなせるので，水に類似した性質を持ち，水に溶けやすい．このような性質を親水性という．

1 アルコール類

表 11-1 に代表的なアルコール類のいくつかをあげた．

ヒドロキシル基の付いている炭素原子に水素原子が 2 個以上付いているものを第一級アルコール，水素原子が 1 個付いているものを第二級アルコール，水素原子が付いていないものを第三級アルコールという．

エチルアルコールは第一級アルコールであり，お酒に含まれるなど，代表的なアルコールなので単にアルコールと呼ばれることも多い．

複数個のヒドロキシル基が付いたアルコールを多価アルコールといい，自動車の不凍液に含まれるエチレングリコールは二価，油脂の加水分解で得られるグリセリンは三価アルコールである．

2 ヒドロキシル基の反応

ヒドロキシル基の H には H$^+$ として解離する性質はない．そのため，アルコール類は一般に中性である（反応 1）．しかし，フェノールは例外であり，酸性を示す．これは H$^+$ を外した残りの部分，フェノキシ陰イオン（C$_6$H$_5$O$^-$）が負電荷を非局在化して安定化できるからである．

アルコール類はアルカリ金属などと反応して水素ガスを発生し，アルコラート 4 を生成する（反応 2）．また，第 8 章第 1 節で見たように求核置換反応を受けてほかの基に置換される（反応 3）．

官能基の反応

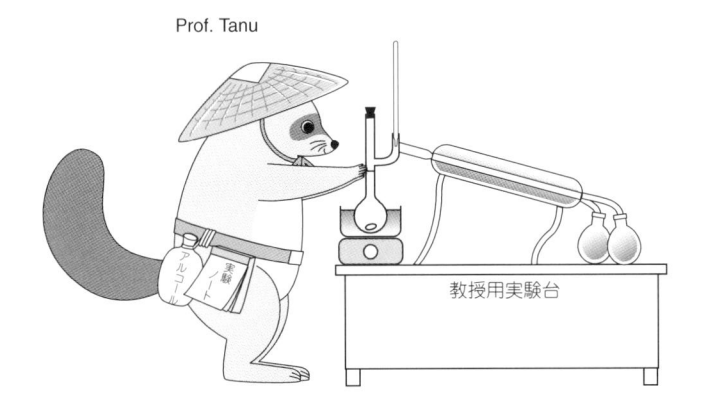

アルコール類

一価アルコール		多価アルコール	
CH_3CH_2-OH	エチルアルコール（アルコール） （第一級アルコール）	$\begin{array}{cc}CH_2-CH_2\\ \;\;\,OH\;\;\;\;\;OH\end{array}$	エチレングリコール （二価アルコール）
$(CH_3)_2CH-OH$	イソプロピルアルコール （第二級アルコール）	$\begin{array}{ccc}CH_2-CH-CH_2\\ \;OH\;\;\;OH\;\;\;\;OH\end{array}$	グリセリン （三価アルコール）
$(CH_3)_3C-OH$	ターシャリーブチルアルコール （第三級アルコール）		
⌬-OH	フェノール	HO-⌬-OH	ヒドロキノン

表 11-1

ヒドロキシル基の反応

$$R-OH \xrightarrow{\;\;\times\;\;} RO^- + H^+ \quad\quad 中性 \quad\quad (反応1)$$
　1　　　　　　　　　　　　**2**

$$R-OH + Na \longrightarrow R-ONa + \frac{1}{2}H_2 \quad\quad ナトリウム置換 \quad\quad (反応2)$$
　3　　　　　　　　アルコラート **4**

$$R-OH + HX \longrightarrow R-X + H_2O \quad\quad 求核置換反応 \quad\quad (反応3)$$
　5　　　　　　　　　　**6**

第1節◆ヒドロキシル基の反応

3 脱離反応

　ヒドロキシル基の脱離反応は 2 種の経路で進行することができる．**一つは分子内反応であり，ほかは分子間反応である．**

　分子内脱離反応では，反応 4 に示したように水を脱離して二重結合を生成し，オレフィン **8** となる．一方，分子間で脱水が起こるとエーテル **9** を生じる．どちらの反応が進行するかは反応条件による．エチルアルコールの場合には 140 ℃では分子内反応でエチレン（$CH_2=CH_2$）を生じるが，180 ℃になると分子間脱水が進行し，ジエチルエーテル（$CH_3CH_2-O-CH_2CH_3$）を生じる．

4 反応機構

　分子内脱離反応の反応機構は反応 6 に示したとおりである．

　構造 **10** はアルコール **7** の反応に関係した結合を電子対で表したものである．CH 結合を形成していた電子対が C—C 結合に入って π 結合を形成し，それにつれて OH が結合電子対を伴って OH^- として外れると最終生成物のオレフィン **8** が生成する．

　分子間脱水では，酸素原子上の非共有電子対がほかのアルコールのヒドロキシル基の付いた炭素原子を求核攻撃する．その結果 OH が結合電子対を伴って OH^- として脱離し，陽イオン中間体 **12** が生成するが，**12** は H^+ を外してエーテル **9** となる．

5 酸化反応

　アルコール類の反応に酸化反応がある．

　第一級アルコール **13** は酸化されるとアルデヒド **14** となる．しかし，一般に**アルデヒドは非常に酸化されやすいため，さらに酸化されてカルボン酸 15 になる**（反応 8）（本章第 4 節および，第 9 章第 7 節参照）．

　第二級アルコール **16** は酸化されるとケトン **17** になる（反応 9）が，第三級アルコール **18** は酸化されない（反応 10）．

脱離反応

$$R-\underset{H}{\underset{|}{C}}-\underset{H}{\underset{|}{C}}-O-H \xrightarrow[-H_2O]{分子内} R-\underset{H}{\underset{|}{C}}=\underset{H}{\underset{|}{C}}-H \quad オレフィン \quad (反応4)$$

7 → **8**

$$\xrightarrow[-H_2O]{分子間} R-CH_2-CH_2-O-CH_2-CH_2-R \quad エーテル \quad (反応5)$$

9

反応機構

$$R-\underset{H}{\underset{|}{C}}-\underset{H}{\underset{|}{C}}-H \equiv R-\underset{H}{\underset{|}{C}}-\underset{H}{\underset{|}{C}}-H \longrightarrow R-\underset{H}{\underset{|}{C}}-\underset{H}{\underset{|}{C}}-H \equiv R-\underset{H}{\underset{|}{C}}=\underset{H}{\underset{|}{C}}-H \quad (反応6)$$

7　　**10**　　　**11**　　　**8**
(H⁺ :OH⁻　　H₂O)

$$R-\underset{H}{\underset{|}{C}}-\underset{H}{\underset{|}{C}}-OH \quad R-\underset{H}{\underset{|}{C}}-\underset{H}{\underset{|}{C}}-\overset{+}{O}-CH_2CH_2R \longrightarrow RCH_2-O-CH_2CH_2R \quad (反応7)$$

7　　　　**12**　　　　　　　**9**
$\ddot{O}-CH_2CH_2R$
H

酸化反応

第一級　　$R-CH_2-OH \xrightarrow{(O)} R-\overset{O}{\underset{H}{\overset{\|}{C}}} \xrightarrow{(O)} R-\overset{O}{\underset{OH}{\overset{\|}{C}}}$　　(反応8)

　　　　　　13　　　　　**14**　　　**15**

第二級　　$R-\underset{R}{\underset{|}{CH}}-OH \xrightarrow{(O)} \underset{R}{\overset{R}{C}}=O$　　(反応9)

　　　　　　16　　　　　**17**

第三級　　$R-\underset{R}{\overset{R}{\underset{|}{C}}}-OH \xrightarrow{(O)}$ 回収 (反応しない)　　(反応10)

　　　　　　18

級によって
反応が
違いマース

第2節 エーテルの反応

エーテルの構造は，水の水素原子が 2 個とも置換基で置き換わったものである．

1 エーテル類

エーテル類のいくつかを表 11-2 にあげた．ジエチルエーテルは代表的なエーテルであり，単にエーテルと呼ばれることもある．テトラヒドロフラン（THF）は金属に溶媒和しやすいことから，有機金属反応によく使われる溶媒である．ダイオキシンは公害問題で話題になる物質であり，有毒性と催奇形性が指摘されている．

エーテルの合成は，前節の反応 5 を用いて行うことができる．しかし，二つの置換基が互いに異なるエーテルの合成には利用できない．そのような場合には反応 11 のように，**アルコールとヨウ化物との反応によって合成する**．

2 エーテル開裂反応

エーテルを構成する C—O σ 結合を開裂する反応である．

エーテル 21 にヨウ化水素 22 を作用させると，中間体陽イオン 23 を経由してエーテル結合が切断され，アルコール 1 とヨウ化物 24 が生成する．反応における電子の動きを反応 13 に示した．エーテル 21 の非共有電子対がヨウ化水素の水素原子を求核攻撃して，酸素原子が陽イオンとなった中間体陽イオン 23 とヨウ素陰イオンを生成する．ヨウ素陰イオンが 23 の置換基を求核攻撃し，23 の σ 結合を構成する電子対が酸素原子上の陽電荷を中和するように酸素原子に入ると，生成物 1 と 24 が生成する．

同様の反応は三員環エーテルのエポキシド 25 でも進行する．エポキシドの炭素原子は sp^3 混成であると考えられるが，結合角は 60°となっている．そのため，**ひずみがかかって不安定となっており，酸によって容易に開裂して二価アルコール 27 を与える**．

エーテル類

鎖状エーテル		環状エーテル	
$CH_3-O-CH_2CH_3$	メチルエチルエーテル	(フラン構造)	フラン
$CH_3CH_2-O-CH_2CH_3$	ジエチルエーテル（エーテル）	(THF構造)	テトラヒドロフラン (THF)
(ジフェニルエーテル構造)	ジフェニルエーテル	(ダイオキシン構造)	ダイオキシン

表 11-2

$$R-O-H + R'-I \longrightarrow R-O-R' + HI \quad （反応11）$$
$\delta- \quad \delta+$
1   **19**   **20**

エーテル開裂反応

$$R-\ddot{O}-R + H-I \longrightarrow [R-\overset{H}{\underset{+}{O}}-R]\ I^- \longrightarrow R-OH + RI \quad （反応12）$$
21   **22**   **23**   **1**   **24**

$$R-\ddot{O}-R + H-I \longrightarrow \cdots \longrightarrow R-O: + R-I \quad （反応13）$$
21   **22**   **23**   **23**   **1**   **24**

$$\text{(エポキシド)} + H-OH \longrightarrow \text{(プロトン化中間体)} \xrightarrow{-OH} \text{(ジオール)} \quad （反応14）$$
25   **26**   **27**

第3節 カルボニル基の反応

カルボニル基を持つ化合物をケトン類と呼ぶ．

1 ケトン類

ケトン類のいくつかを表 11-3 にあげた．アセトンは有機物を溶かす力が強いためペンキなどを薄める希薄剤（シンナー）の成分に使われることがある．キノン類は酸化力があり，また有色であるので，酸化剤，色素原料などに用いられる．o-キノンは不安定であり，室温で放置すると 1 日くらいで分解してしまう．

2 活性水素

カルボニル基は強力な電子求引性置換基である．そのため，反応 15 の構造 **29** のように，隣の炭素の CH 結合電子雲を引きつけ，H を H^+ として脱離させる効果がある．このように，**カルボニル基の隣の炭素に付いた H は H^+ として外れやすい性質を持ち，活性水素と呼ばれる**．これを互変異性として理解したのが第 6 章第 2 節のケト-エノール互変異性であり，これは **28** と **31** の間の互変異性として見たものである．

エノール型 **31** のヒドロキシル基がカルボニル基に戻るときに，二重結合を構成する電子対がハロゲン化アルキルを攻撃すると，**32** となる．すなわち，**28** の活性水素がアルキル基置換されている（反応 16）．

3 アルドール反応

反応 17 はアルドール反応といわれるものである．反応 16 が 2 分子の **28** の間で起こった形式の反応である．

1 分子の **28**（A）から異性化した **31** がもう 1 分子の **28**（B）を求核的に攻撃すると **33** となる．**33** の酸素陰イオンがプロトンを捕まえると生成物 **34** となる．**33**，**34** に，元の分子部分 A，B を示しておいた．

アルドール反応はカルボニル基を持つ化合物に広く起こる反応であり，ケトンばかりでなくアルデヒド（R–CH=O），エステル（R–COOR）など，部分構造にカルボニル基を持つ分子にも起こる．

ケトン類

ケトン		キノン	
CH₃-CO-CH₃	ジメチルケトン（アセトン）	(p-benzoquinone structure)	p-キノン
Ph-CO-Ph	ジフェニルケトン（ベンゾフェノン）	(o-benzoquinone structure)	o-キノン

表 11-3

活性水素

$$R-\underset{28}{\overset{O}{\underset{\|}{C}}-\underset{R}{\overset{H}{\underset{|}{C}}}-R} \rightleftarrows R-\underset{29}{\overset{O^-}{\underset{\|}{C}}=\underset{R}{C}-R} \overset{H^+}{\rightleftarrows} R-\underset{30}{\overset{O}{\underset{\|}{C}}-\underset{R}{\overset{H^+}{\underset{|}{C}}}-R}$$

（反応 15）

$$R-\underset{28}{\overset{O}{\underset{\|}{C}}-\underset{R}{\overset{H}{\underset{|}{C}}}-R} \rightleftarrows R-\underset{31}{\overset{O-H}{\underset{\|}{C}}=\underset{R}{C}-R} \overset{-X^-}{\underset{R'-X}{\longrightarrow}} R-\underset{32}{\overset{O}{\underset{\|}{C}}-\underset{R}{\overset{R'}{\underset{|}{C}}}-R}$$

（反応 16）

X：ハロゲン元素

アルドール反応

$$R-\underset{28(A)}{\overset{O}{\underset{\|}{C}}-\underset{R}{\overset{H}{\underset{|}{C}}}-R} \rightleftarrows \underset{31}{\overset{O-H}{\underset{\|}{R-C}}=\underset{R}{C}-R} \longrightarrow \left.\begin{array}{l} R-\overset{O}{\underset{\|}{C}}-\underset{R}{\overset{R}{\underset{|}{C}}}-R \\ R-\underset{O^-}{\overset{|}{C}}-CHR_2 \end{array}\right\} \begin{array}{l}A\\ \\B\end{array}$$

$$\underset{28(B)}{R-\overset{O}{\underset{\|}{C}}-CHR_2}$$

33

$$\longrightarrow R-\underset{\underset{A}{\underbrace{\quad\quad}}}{\overset{O}{\underset{\|}{C}}-\underset{R}{\overset{R}{\underset{|}{C}}}}-\underset{\underset{B}{\underbrace{\quad\quad}}}{\overset{OH}{\underset{|}{C}}-CHR_2}$$

34

（反応 17）

4 求核付加反応

炭素の電気陰性度は 2.5 であり，酸素は 3.5 である．その結果，C=O 結合電子雲は酸素のほうに引きつけられ，酸素は − に，炭素は + に荷電する．

反応 18 はこのような炭素原子に求核試薬 HX が攻撃している例である．反応は極性中間体 **37** を通って最終生成物 **38** を与える．結果的に XH が C=O 結合に付加していることになるので，このような反応を求核付加反応という．

反応 19 は電子対モデルで反応機構を説明したものである．反応 18 の構造式に付けた矢印と電子対の移動が一致していることを理解してほしい．

5 グリニャール反応

反応 20，21 は**グリニャール反応**といわれるものである．発見者（F.A.V. Grignard）の名前をとってグリニャール反応と呼ばれるこの反応はマグネシウム金属を使う有機金属反応である．

反応は有機ハロゲン化物 **39** とマグネシウム金属を反応させ，グリニャール試薬 **40** を発生させることから始まる．**40** は **41** のような極性構造をとり，有機物部分（R）が − となった求核試薬である．**40** は不安定物質で取り出すことはできないので，発生したらそのまま次の反応に使ってしまわなければならない．

40 にケトン **35** を加えると **41** はケトンの + に荷電した炭素（カルボニル炭素）を求核攻撃し，中間体 **42** を与える．**42** も不安定中間体で，取り出すことはできない．**42** を水で分解すると最終生成物 **43** が得られる．

このようにグリニャール反応はケトンをアルコールに変える反応である．反応の流れを見ればわかるとおり，中間にできる生成物を取り出すことなく，一つの反応容器に次々と反応物を加えて行くだけの反応であり，このような反応を**ワンポット（one pot）反応**ということがある．

図 11-1 にグリニャール反応装置の例を示した．中間体 **40**，**42** を酸素，湿気から守るため，反応は乾燥窒素雰囲気下で行う．

求核付加反応

$$R\underset{R}{\overset{\delta+}{C}}=O \quad \longrightarrow \quad R-\underset{X-H}{\overset{R}{\underset{|}{C}}}-O^- \quad \longrightarrow \quad R-\underset{X}{\overset{R}{\underset{|}{C}}}-OH \quad \text{(反応 18)}$$

35, **36**, **37**, **38**

$$\text{(反応 19)}$$

37, **37**, **38**

グリニャール反応

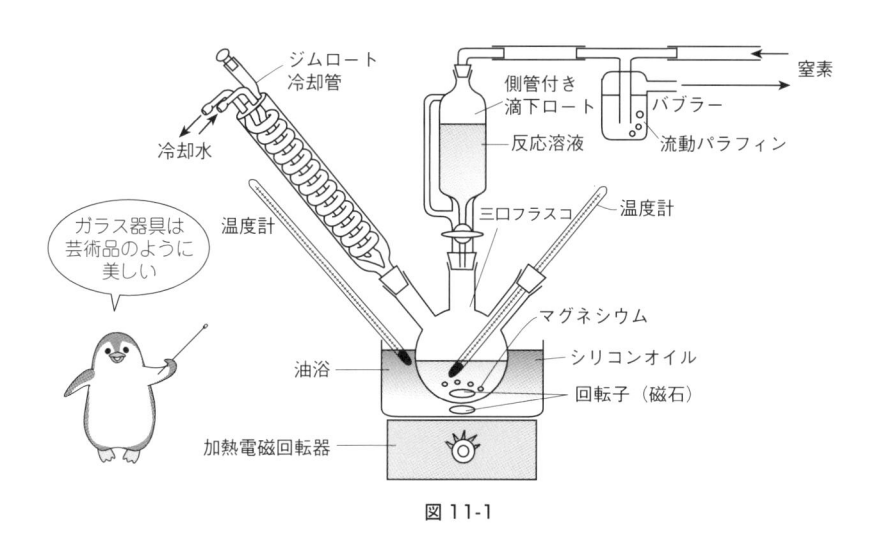

$$R^1-X \xrightarrow{Mg} R^1-MgX \quad (R^{1-}-{}^+MgX : X \text{ ハロゲン}) \text{ グリニャール試薬} \quad \text{(反応 20)}$$

39, **40**, **41**

$$\underset{R^2}{\overset{R^2}{C}}\overset{\delta+}{=}O \xrightarrow{R^1-MgX} R^2-\underset{R^1}{\overset{R^2}{\underset{|}{C}}}-O-MgX \xrightarrow{H_2O} R^2-\underset{R^1}{\overset{R^2}{\underset{|}{C}}}-OH \quad \text{(反応 21)}$$

35, **42**, **43**

図 11-1

第4節 ホルミル基の反応

ホルミル基を持つ化合物をアルデヒドという．ホルミル基は部分構造としてカルボニル基を含む．そのため，アルデヒドはケトンと似た反応性を示す．アルドール反応もその一つである．

1 アルデヒド類

アルデヒド類のいくつかを表 11-4 に示した．ホルムアルデヒドは水溶液（ホルマリン）として防腐剤に用いられ，またプラスチックの原料としても欠かせないものである．

2 還元性

アルデヒドの特性の一つに還元性がある．

還元性の定義を表 11-5 にまとめた．定義には酸素に基づくもの，水素に基づくもの，電子に基づくものの 3 種ある．還元性とは相手から酸素を奪うか，相手に水素もしくは電子を与えるものということになる．

アルデヒドは有機化合物の還元剤として代表的なものであり，一方，有機物の酸化剤の代表として過酸があげられる．

3 定性反応

アルデヒドの還元性を確認する定性反応としてフェーリング反応と銀鏡反応（トーレン反応）がある（図 11-2）．

フェーリング反応は，2 価の銅イオンがアルデヒドによって還元されて，1 価になるのに伴う色彩変化を見るものである．すなわち Cu^{2+} に基づく硫酸銅（$CuSO_4$）の透明な青色が，水酸化第一銅（$CuOH$）の赤褐色沈殿となる反応である．

銀鏡反応は，硝酸銀（$AgNO_3$）の無色透明溶液中の銀イオン（Ag^+）がアルデヒドによって還元され，金属銀（Ag）になって容器の器壁に析出し，その部分を鏡にする反応である．うまく行くと試験管が鏡になって輝く美しい反応である．

アルデヒド類

アルキルアルデヒド		芳香族アルデヒド	
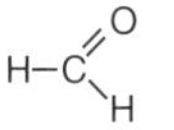 $H-\overset{O}{\underset{H}{C}}$	ホルムアルデヒド（水溶液：ホルマリン）	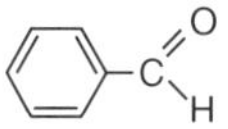 $C_6H_5-\overset{O}{\underset{H}{C}}$	ベンズアルデヒド
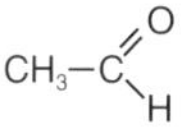 $CH_3-\overset{O}{\underset{H}{C}}$	アセトアルデヒド		

表 11-4

還元性

	酸化性（酸化剤）	還元性（還元剤）
Oによる定義	相手にOを与える	相手からOを奪う
Hによる定義	相手からHを奪う	相手にHを与える
e^-による定義	相手からe^-を奪う	相手にe^-を与える
有機物	$R-\overset{O}{\underset{O-OH}{C}}$ 過酸	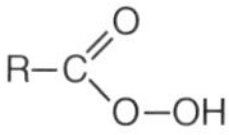 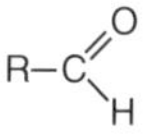 $R-\overset{O}{\underset{H}{C}}$ アルデヒド

表 11-5

定性反応

フェーリング反応

$CuSO_4 \xrightarrow{\text{アルデヒド}} CuOH$

$(Cu^{2+} \xrightarrow{+e^-} Cu^+)$

銀鏡反応

$AgNO_3 \xrightarrow{\text{アルデヒド}} Ag$

$(Ag^+ \xrightarrow{+e^-} Ag)$

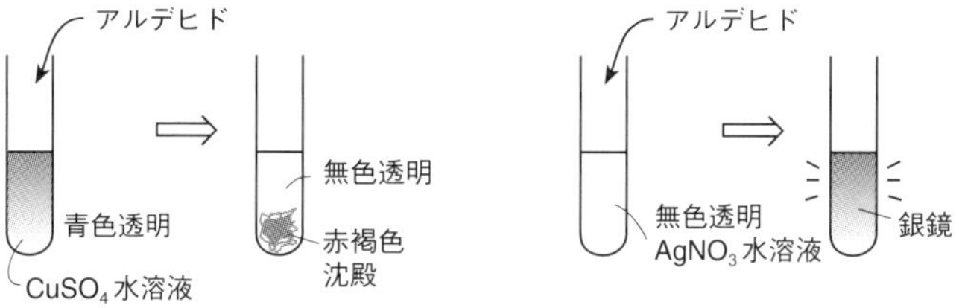

図 11-2

第5節 カルボキシル基の反応

カルボキシル基を持つ化合物はカルボン酸，あるいは有機酸と呼ばれ，有機物の中で代表的な酸である．カルボキシル基の部分構造としてカルボニル基を含むため，ケトンと類似の反応性をも示す．

1 カルボン酸類

カルボン酸のいくつかを表 11-6 に示した．酢酸は酢に入っている酸であり，弱酸として有名である．

カルボン酸の酸性は反応 22 のように解離して H^+ を放出することに基づく（第 6 章第 1 節参照）．

2 エステル化

カルボン酸 44 とアルコール 46 の間の脱水反応によって生じた 47 を一般に**エステル**と呼び，反応 23 を**エステル化反応**と呼ぶ．反応機構は反応 24 に示したとおり，アルコールの酸素原子が正に荷電したカルボニル炭素を求核攻撃し，イオン性中間体 48 を与える．ここから水が脱離すると 47 となる．

同様の反応がアミン 49 との間で進行すると生成物は 50 になる．50 を**アミド**と呼び，反応 25 を**アミド化反応**という．

3 酸無水物と酸塩化物

2 分子のカルボン酸の間で脱水反応が起こると 51 を生じる．51 を一般に**酸無水物**と呼ぶ．無水酢酸（$R = CH_3$）はその例である．

反応 27 に示したように，カルボン酸に塩化チオニル 52 を作用させると**酸塩化物** 53 を与える．酸無水物，酸塩化物は反応性が高いため，反応試薬としてよく用いられる．例えばエステル化反応やアミド化反応は，カルボン酸 44 の代わりに酸無水物 51 や酸塩化物 53 を用いるのが一般的である．

カルボン酸類

一塩基酸		pK_a	二塩基酸	
H-C(=O)-OH	ギ酸	3.75	HO_2C-CO_2H	シュウ酸
CH_3-C(=O)-OH	酢酸	4.75	$H_2C(CO_2H)_2$	マロン酸
C$_6$H$_5$-C(=O)-OH	安息香酸	4.19	o-C$_6$H$_4$(CO$_2$H)$_2$	フタル酸

表 11-6

酸性

$$R-CO_2H \longrightarrow R-CO_2^- + H^+ \quad \text{(反応 22)}$$
$\quad\quad\quad$ **44** $\quad\quad\quad\quad$ **45**

エステル化

$$\underset{\mathbf{44}}{R-\overset{O}{\overset{\|}{C}}-\boxed{O-H}} + \boxed{H-O-R'}_{\mathbf{46}} \longrightarrow \underset{\mathbf{47}}{R-\overset{O}{\overset{\|}{C}}-O-R'} + H_2O \quad \text{(反応 23)}$$

反応機構

$$R-\overset{O}{\overset{\|}{\underset{\delta-}{C}}}-^{18}O-H \longrightarrow \underset{\mathbf{48}}{R-\overset{O^-}{\overset{|}{\underset{HO-R'}{\overset{|}{C}}}}-^{18}OH} \longrightarrow \underset{\mathbf{47}}{R-\overset{O}{\overset{\|}{C}}-O-R'} + H_2^{18}O \quad \text{(反応 24)}$$
$\quad\quad\quad\quad\quad\quad \underset{\delta+}{H-O-R'} \quad\quad\quad\quad\quad\quad\quad\quad\quad\quad\quad\quad\quad\quad \text{MW}=20$

$$\underset{\mathbf{44}}{R-\overset{O}{\overset{\|}{C}}-O-H} + \underset{\mathbf{49}}{H-NH-R'} \longrightarrow \underset{\mathbf{50}}{R-\overset{O}{\overset{\|}{C}}-NH-R'} + H_2O \quad \text{(反応 25)}$$

酸無水物と酸塩化物

$$\underset{\mathbf{44}}{R-\overset{O}{\overset{\|}{C}}-O-H} \boxed{\; H-O\;} \underset{\mathbf{44}}{\overset{O}{\overset{\|}{C}}-R} \longrightarrow \underset{\underset{\mathbf{51}}{\text{酸無水物}}}{R-\overset{O}{\overset{\|}{C}}-O-\overset{O}{\overset{\|}{C}}-R} \quad \text{(反応 26)}$$

$$\underset{\mathbf{44}}{R-\overset{O}{\overset{\|}{C}}-O-H} \xrightarrow{\underset{\mathbf{52}}{SOCl_2}} \underset{\underset{\mathbf{53}}{\text{酸塩化物}}}{R-\overset{O}{\overset{\|}{C}}-Cl} \quad \text{(反応 27)}$$

第6節 アミノ基の反応

アミノ基を持つ化合物は一般にアミン類と呼ばれ，塩基性である．

1 アミン類

アミン類の塩基性の強度を表すのに，そのアミンの共役酸の酸解離定数を用いることが多い（第6章第1節参照）．アミン類 **54** の塩基性は反応 28 に従って H⁺ を受け取ることによる．このとき生じた **55** を塩基 **54** の共役酸という．同時に **54** は酸 **55** の共役塩基とも呼ばれる．

共役酸の酸解離定数とは式（11-1）に定義されたように共役酸 **55** の酸としての強さを表す．したがって共役酸が強酸だということは，**55** が H⁺ を外して **54** になりやすいことを意味する．逆にいうと塩基 **54** が H⁺ を捕まえて **55** になりにくいことになり，塩基として弱いということになる．すなわち，**共役酸が強酸であれば（pK_a の値が小）塩基は弱塩基ということになる．**

簡単にいえば共役酸の pK_a が大きいほど強塩基である．

アミンとその共役酸の pK_a を表 11-7 にあげた．窒素原子に何個の置換基がついているかによって，第一級，二級，三級アミンおよび第四級アンモニウム塩と呼ばれる．

アンモニアよりエチルアミンが強塩基なのはエチル基の電子供給性により，窒素原子上の電子密度が増え，H⁺ を受け取りやすくなるからである．ジエチルアミンはエチル基を 2 個持つからエチルアミンより強塩基である．しかし，3 個のトリエチルアミンでは，多すぎるエチル基にじゃまされて H⁺ が窒素原子に近づきにくくなるため，塩基性は弱まる．その証拠に，エチル基をひっつめ髪のようにまとめたキヌクリジンは，ジエチルアミンより強塩基である．

2 アミン類の反応

アミン類の代表的な反応を式に示した．反応 29 は第一級アミン **54** がハロゲン化アルキル **56** を求核攻撃し，第二級アミン **58** を生成する反応である．

反応 30 はアミンを用いてアルケンを合成する例である．アミン **59** が過剰のヨウ化メチルと反応して第四級アンモニウム塩 **60** を生じ，これを酸化銀存在下で加熱してアルケン **61** を生じる．

アミン類

構造	名称	pK_a	構造	名称	pK_a
$CH_3CH_2NH_2$	エチルアミン（第一級アミン）	10.6	NH_3	アンモニア	9.3
$(CH_3CH_2)_2NH$	ジエチルアミン（第二級アミン）	10.9	(ピペリジン構造)	キヌクリジン	11.0
$(CH_3CH_2)_3N$	トリエチルアミン（第三級アミン）	10.7	(アニリン構造) $-NH_2$	アニリン	4.6
$(CH_3CH_2)_4N^+Cl^-$	テトラエチルアンモニウム塩化物（第四級アンモニウム塩）		(ピリジン構造)	ピリジン	5.3
			(ピロール構造) NH	ピロール	0.4

表 11-7

pK_a

塩基性　　$RNH_2 + H^+ \rightleftarrows R^+NH_3$　　　　（反応 28）
　　　　　塩基　　　　　　　　　共役酸
　　　　　54　　　　　　　　　**55**

$$pK_a = -\log\frac{[RNH_2][H^+]}{[RNH_3^+]} \quad (11\text{-}1)$$

アミン類の反応

$$R-\overset{..}{N}H_2 + R'-X \xrightarrow{-X^-} R-\overset{H^+}{\underset{R'}{N}}H \longrightarrow \overset{R}{\underset{R'}{N}}H \quad (反応 29)$$

　　　54　　**56**　　　　　　　　　**57**　　　　　　**58**

$$R-CH_2-CH_2-NH_2 \xrightarrow{CH_3I（過剰）} R-CH_2-CH_2-\overset{+}{N}(CH_3)_3 I^-$$
　　　　59　　　　　　　　　　　　　　　　　　**60**

$$\xrightarrow[加熱]{Ag_2O} R-CH=CH_2 \quad (反応 30)$$
　　　　　　　　　　61

第7節 置換基の変換

置換基を反応させて，ほかの置換基に変えることができる．そのような反応をここでまとめてみよう．

1 置換基の変換

ベンゼン環に置換した置換基が変化する反応のうち，代表的なものを反応31から33に示した．

反応31はニトロ基をアミノ基に変える反応である．ニトロベンゼン **62** は金属スズと塩酸によって還元され，アニリン **63** になる．反応31における各化合物の係数を求める問題は，かつて大学入学試験の定番であったことがある．

反応32はスルホン酸基をヒドロキシル基に変える反応である．ベンゼンスルホン酸 **64** を，溶媒を用いずに水酸化ナトリウムとともに加熱融解（溶融）するとフェノールのナトリウム塩 **65** となる．これを弱酸で処理するとフェノール **66** となる．

反応33はアルキル基をカルボキシル基に変える反応である．トルエン **67** を酸化すると安息香酸 **68** となる．これはトルエンに限らず，アルキルベンゼンなら，アルキル基が何であろうと，酸化すると同じように安息香酸を与える．

2 ジアゾニウム塩の反応

アニリン **63** を塩酸と亜硝酸ナトリウムで処理すると塩化ベンゼンジアゾニウム **69** を与える．**69 は各種ベンゼン誘導体を合成する際の出発物質として有用なものである．** そのいくつかの例を反応34から37に示した．

反応37でアニリンと反応して生成した **72** はアニリンイエローと呼ばれ，黄色の染料である．これと同様に **69** はフェノール，トルエンなどいろいろの電子供給基を有するベンゼン誘導体と反応して染料を与える．**この反応はカップリング反応と呼ばれ，生じた染料は一般にアゾ染料と呼ばれる．** 合成染料の重要な一群である．

置換基の変換

$$2\ \text{C}_6\text{H}_5\text{NO}_2\ (\mathbf{62}) + 12\text{HCl} + 3\text{Sn} \longrightarrow 2\ \text{C}_6\text{H}_5\text{NH}_2\ (\mathbf{63}) + 3\text{SnCl}_4 + 4\text{H}_2\text{O} \quad \text{(反応 31)}$$

$$\text{C}_6\text{H}_5\text{SO}_3\text{H}\ (\mathbf{64}) \xrightarrow[\text{加熱}]{\text{NaOH(固体)}} \text{C}_6\text{H}_5\text{ONa}\ (\mathbf{65}) \xrightarrow{\text{CO}_2} \text{C}_6\text{H}_5\text{OH}\ (\mathbf{66}) \quad \text{(反応 32)}$$

$$\text{C}_6\text{H}_5\text{CH}_3\ (\mathbf{67}) \xrightarrow{(\text{O})} \text{C}_6\text{H}_5\text{CO}_2\text{H}\ (\mathbf{68}) \quad \text{(反応 33)}$$

ジアゾニウム塩の反応

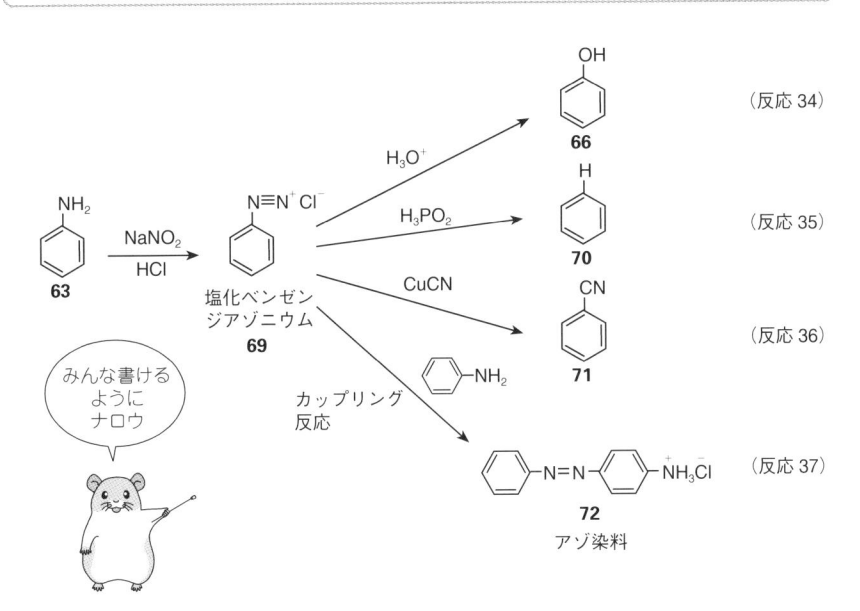

$$\text{C}_6\text{H}_5\text{NH}_2\ (\mathbf{63}) \xrightarrow{\text{NaNO}_2,\ \text{HCl}} \text{C}_6\text{H}_5\text{N}{\equiv}\text{N}^+\text{Cl}^-\ \text{(塩化ベンゼンジアゾニウム,}\ \mathbf{69}\text{)}$$

- $\xrightarrow{\text{H}_3\text{O}^+}$ C$_6$H$_5$OH (**66**) (反応 34)
- $\xrightarrow{\text{H}_3\text{PO}_2}$ C$_6$H$_6$ (**70**) (反応 35)
- $\xrightarrow{\text{CuCN}}$ C$_6$H$_5$CN (**71**) (反応 36)
- $\xrightarrow[\text{カップリング反応}]{\text{C}_6\text{H}_5\text{NH}_2}$ C$_6$H$_5$–N=N–C$_6$H$_4$–NH$_3^+$Cl$^-$ (**72**, アゾ染料) (反応 37)

> みんな書けるようにナロウ

column 二日酔いとシックハウス症候群

　第 11 章第 1 節でアルコールを酸化するとアルデヒドになり，さらに酸化するとカルボン酸になることを見た．

　アルコールの代表はエチルアルコールであり，これはビールに 7 %，日本酒に 17 %，ウイスキーに 45 % ほど含まれている．お酒を飲むと体内に入ったエチルアルコールはアルコール脱水素酵素の働きを受けてアセトアルデヒドになる．このアセトアルデヒドは毒性物質であるがアルデヒド脱水素酵素の働きで酢酸に酸化され，最終的には二酸化炭素と水になってしまう．アセトアルデヒドがいつまでも体内に残ると二日酔いの現象となる．

　ところで，体内のアルデヒド脱水素酵素の量は遺伝的に決まっており，多い人と少ない人がある．少ない人はお酒に弱いことになる．訓練でどうにかなるものではないようである．お酒に弱い人に無理強いをしてはならない．

　メチルアルコールは有毒で，飲む人はいないが，第二次大戦後のドサクサ時にはやむを得ず飲む人や，普通のお酒とだまされて飲む人がいたらしい．その後は――よくいわれるように，命を落とすか失明であったようである．メチルアルコールは酸化されるとホルムアルデヒドを経由してギ酸になる．いずれも猛毒である．ビタミン A を酸化して視覚タンパク質を作成する必要性から，脱水素酵素は目の周辺に多い．そのため，まず目が攻撃を受けるわけである．

　ホルムアルデヒドは工業的に重要な物質である．プラスチックや接着剤の原料として身の回りに多い．しかしシックハウス症候群の原因物質の一つはこのホルムアルデヒドだともいわれている．

$$CH_3-CH_2-OH \xrightarrow[\text{アルコール脱水素酵素}]{(O)} CH_3-C\!\!\begin{array}{c}\scriptstyle O\\[-2pt]\scriptstyle H\end{array} \xrightarrow[\text{アルデヒド脱水素酵素}]{(O)} CH_3-C\!\!\begin{array}{c}\scriptstyle O\\[-2pt]\scriptstyle OH\end{array}$$

エチルアルコール　　　　　　　　　アセトアルデヒド　　　　　　　　　酢酸

$$CH_3-OH \xrightarrow{(O)} H-C\!\!\begin{array}{c}\scriptstyle O\\[-2pt]\scriptstyle H\end{array} \xrightarrow{(O)} H-C\!\!\begin{array}{c}\scriptstyle O\\[-2pt]\scriptstyle OH\end{array}$$

メチルアルコール　　　　　　　　　ホルムアルデヒド　　　　　　　　　ギ酸

第IV部 生体と超分子

12章 生物体の化学

生物体を構成する物質あるいは生物体が生成する天然物は，有機化学の重要な研究対象の一つである．

第1節 糖

生物体を構成する重要な要素の一つに糖がある．糖は鎖のような構造であり，鎖の輪の一つ一つが単糖類と呼ばれるものであり，単糖類がいくつか連なってデンプンのような多糖類を構成する．

1 単糖類

図 12-1A にいくつかの単糖類を示した．名前の下に付けた数字は甘みの程度を二糖類の砂糖（スクロース）を 1 として表したものである．

図 B のグルコースのように，**各単糖類は水溶液中では環構造と直鎖構造の平衡混合物となっている**．グルコースでは，C_1 位と C_5 位のヒドロキシル基との間で閉環するとき，C_1 位のヒドロキシル基の向きの異なる二つの異性体が生じる．それぞれを **α-, β-グルコース**という．両者とも旋光性を持ち，旋光度は図に示したとおりである．しかし，溶液中では両者の平衡混合物となるため，旋光度は 52.7° となる．このように**旋光度が変化する現象を変旋光という**．

2 二糖類，多糖類

2 個の単糖類の間で脱水（脱水縮合）し，エーテル結合で結ばれたものを二糖類と呼ぶ．図 12-2A にスクロース（ショ糖，砂糖）とマルトース（麦芽糖）を示した．中央のエーテル酸素から出た，結合を表す線分が 90°曲がって上に伸びている．構造式の約束ではこの曲がり目には炭素（CH_2）が存在するはずであるが，糖類の構造式に限って，これはただ単に直線を曲げただけのものと約束されている．したがってここに炭素は存在しない．

図 B に多糖類としてデンプンとセルロースを示した．両者ともに，多数個のグルコースが脱水縮合したものであるが，**デンプンは α 型，セルロースは β 型のグルコースでできている**．

生物体の化学

(ハムスターの夢の吹き出し:)
- プロスタグランジンの一種
- ハムスリン 抗生物質
- ハムシリン 万能薬
- ハムの薬屋さん
- 若返り用 ハムホルモン
- ダイエット用糖
- 非売品 毒物
- 猛毒 ハムトキシン
- ハムテルペン 入浴剤
- ウンチ 何に効くの？

単糖類

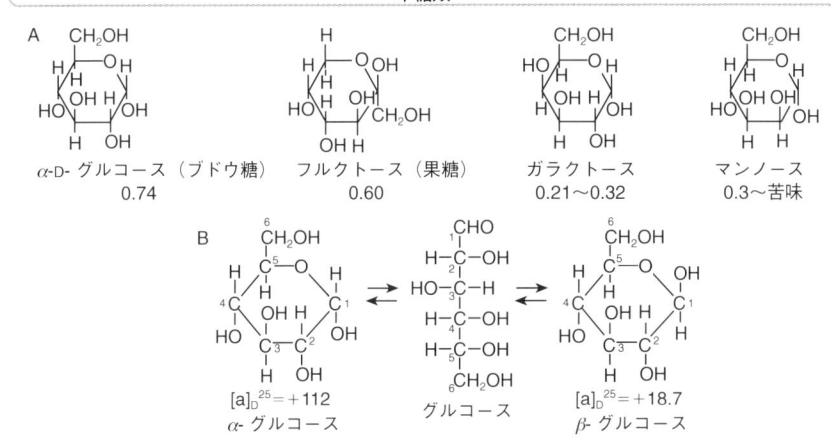

A
- α-D-グルコース（ブドウ糖） 0.74
- フルクトース（果糖） 0.60
- ガラクトース 0.21〜0.32
- マンノース 0.3〜苦味

B
$[α]_D^{25} = +112$
α-グルコース ⇌ グルコース ⇌ β-グルコース
$[α]_D^{25} = +18.7$

図 12-1

二糖類，多糖類

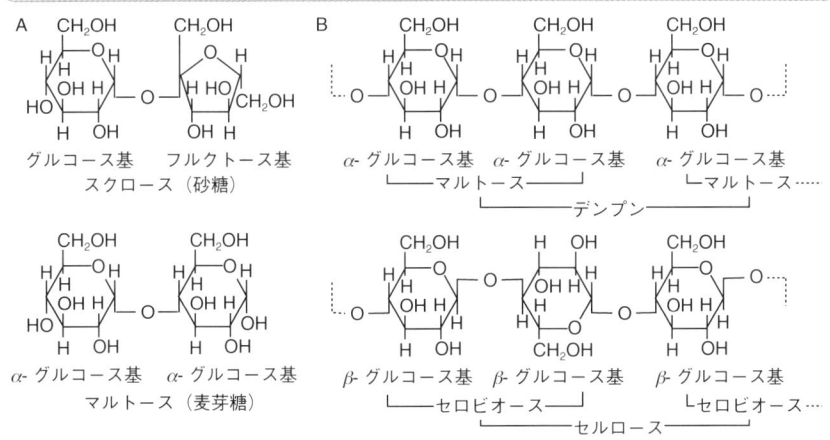

A
- グルコース基 フルクトース基 スクロース（砂糖）
- α-グルコース基 α-グルコース基 マルトース（麦芽糖）

B
- α-グルコース基 α-グルコース基 α-グルコース基
  マルトース / マルトース
  デンプン
- β-グルコース基 β-グルコース基 β-グルコース基
  セロビオース / セロビオース
  セルロース

図 12-2

第2節 タンパク質

タンパク質は，アミノ酸が脱水縮合（アミド結合，第11章第5節）したものである．アミノ酸からできたアミド結合を特にペプチド結合と呼ぶことがある．

1 一次構造

タンパク質は立体的に非常に複雑な構造をしている．しかも，**その立体構造はタンパク質に固有のものであり，決して単に丸まった，というようなものではない**．タンパク質の構造とはこのような立体構造まで含めたものをいう．複数のアミノ酸が脱水縮合したものを図12-3Bに示した．このようなものをペプチド結合がたくさん（ポリ）あるので**ポリペプチド**と呼ぶ．ポリペプチドはアミノ酸の並ぶ順序を示してはいるものの，タンパク質の立体構造に関しては何の情報も示していない．アミノ酸の並ぶ順序をタンパク質の一次構造という．

2 二次構造

ポリペプチドは構成アミノ酸の間に起こる水素結合によって，特有の立体構造を形成する．このような構造を二次構造という．二次構造には，**らせん型のαヘリックスと膜状（板状）のβシート**と呼ばれる2種類のものが存在する．

3 高次構造

長いポリペプチド鎖のある部分はαヘリックスとなり，ある部分はβシートとなって特有の立体構造を形成する．図12-5Aは赤血球を構成するタンパク質，ミオグロビンの立体構造である．このような構造を三次構造という．ミオグロビンは呼吸をつかさどるタンパク質，ヘモグロビンの一部分である．図に見える四角の板状の部分はヘムと呼ばれ，鉄イオンを含んで呼吸の中枢となる分子である．

図Bがヘモグロビンと呼ばれるタンパク質である．ミオグロビンが4分子，特定の位置関係を保って集合したものである．このように，**タンパク質の立体構造は非常に複雑であるが，完全に固有の構造である**．三次構造，四次構造を特に高次構造ということがある．

一次構造

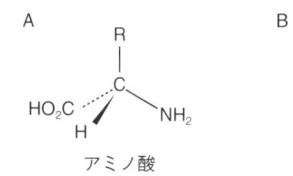

A　アミノ酸

B　ペプチド

図 12-3

二次構造

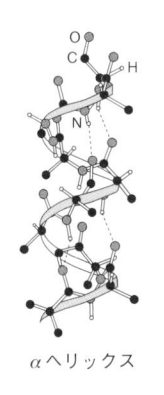

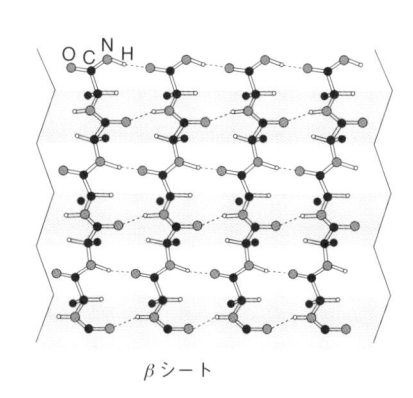

αヘリックス　　βシート

[野依良治編, 大学院講義有機化学 II, p.351, 図 7.6, 東京化学同人 (1998)]

図 12-4

高次構造

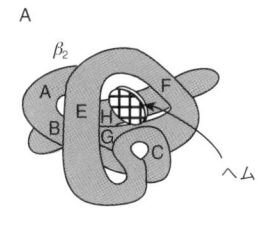

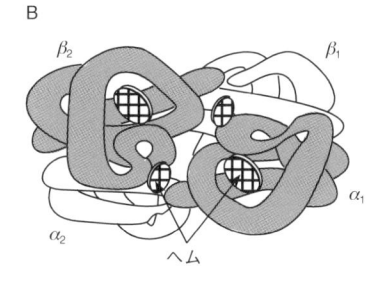

A

B

ヘム

[妹尾学, 荒木孝二, 大月穣, 超分子化学, p.134, 図 5.5, 東京化学同人 (1998)]

図 12-5

第3節 DNA

核酸は生物の遺伝情報を担うものである．核酸には DNA と RNA の 2 種があり，遺伝情報は DNA から RNA，さらにタンパク質へと伝達されてゆく．

1 構成要素

核酸は塩基部分と糖部分に分けることができる．図 12-6 に示したように，塩基にはプリン塩基とピリミジン塩基があり，それぞれに 2 種類，計 4 種類となる．それぞれ A, G, C, T の記号で表される．**各々の塩基の間には水素結合による会合が可能な組み合わせがあり，A–T, G–C の会合が可能である**．

糖は 2 種類あり，DNA を構成する糖はデオキシリボースであり，RNA を構成するのはリボースである．塩基はこの糖に結合してヌクレオシドと呼ばれる核酸の部分構造を作る．このヌクレオシドにリン酸基が結合したものがヌクレオチドである．したがって 4 種類のヌクレオチドがあることになる．

2 構　造

DNA の構造は図 12-7 のようになっている．**A, B の 2 本のらせん鎖が組み合わさった二重らせんである**．各々の鎖は多数のヌクレオチドが結合したものであり，4 種のヌクレオチドがどのような順序に並ぶかで遺伝情報が表されることになる．2 本の鎖の間には塩基の水素結合が形成されており，このことによって，A 鎖の C, T に対しては B 鎖の G, A というように，1：1 の対応が形成されている．RNA は二重らせんではなく，1 本の鎖状構造である．

3 複製機構

核酸の重要な働きは遺伝に伴う自己複製である．図 12-8 に示したように，複製に際しては酵素の働きによって旧鎖の二重らせんが部分的に解ける．その解けた旧鎖部分の塩基に対応する塩基を持つヌクレオチドが水素結合によって旧鎖に会合する．このようにして会合したヌクレオチドが互いに結合して新たな鎖を形成してゆく．このことによって旧 A 鎖には新 B 鎖ができ，旧 B 鎖には新 A 鎖ができて，結局，旧 A，旧 B 各々を元にして，2 本の新しい二重らせん構造が複製されることになる．

構成要素

	プリン		ピリミジン	
塩基	アデニン (A)	グアニン (G)	シトシン (C)	チミン (T)
糖	ヌクレオシド （B：塩基、X=H：DNA、X=OH：RNA）		ヌクレオチド	

図 12-6

構造

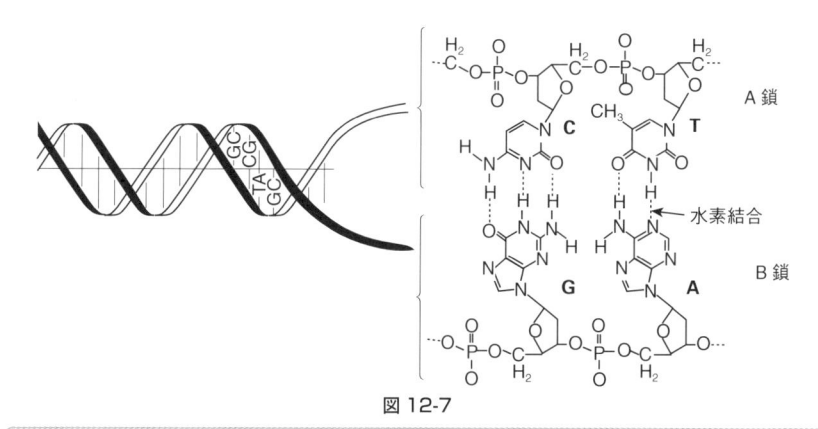

図 12-7

A鎖 / B鎖 / 水素結合

複製機構

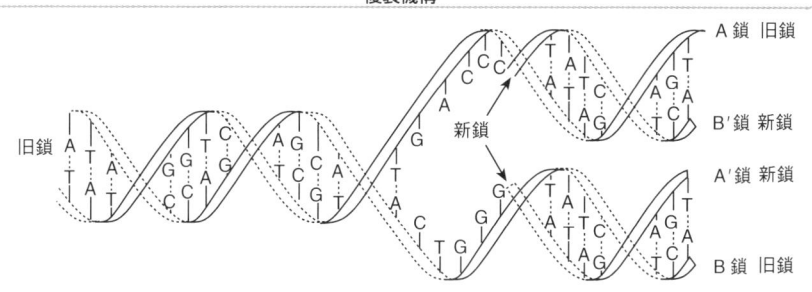

図 12-8

旧鎖 / 新鎖 / A鎖 旧鎖 / B'鎖 新鎖 / A'鎖 新鎖 / B鎖 旧鎖

第4節 天然物

天然に存在するものが天然物であるから，天然物の種類は膨大なものになる．ここでは，代表的な天然物について見て行こう．

1 テルペン

テルペンは主に植物に含まれる物質であり，植物の香りの元になるものである．香料，医薬品の原料として昔から用いられているものが多い．図 12-9 に示したように，イソプレン単位がいくつか集まった構造と考えられ，一般に $(C_5H_8)_n$ の分子式を持つ炭化水素，もしくは，それから誘導されたと思われる炭化水素をいう．

2 ステロイド

動植物に広く含まれる物質で，**生理機能面で重要な働きをする場合が多い．動物では特に性ホルモンとして重要である．**ステロイドの語源はギリシア語の"固い"からきているように，その特徴的な，A，B，C，D 4 環構成の骨格は剛直である．男性ホルモン，女性ホルモンはそれぞれ主に卵巣，精巣から分泌され，生殖器の成長を促す．黄体ホルモンは受精卵を子宮に着床させ，妊娠を持続させる働きがある．コルチゾンはウシの副腎皮質から抽出されたホルモンであり，副腎皮質ホルモンの一種である．ヒトの尿からも抽出されるが，リュウマチ性関節炎によく効くことから，研究が重ねられたホルモンである．

3 プロスタグランジン

プロスタグランジンは局所ホルモン（オータコイド）と呼ばれることがある．**局所ホルモンとは，動物体のどこででも生産され，その生産された場所でのみ働き，その後速やかに分解されるものである．**その意味で，動物体の特定の場所で生産されるホルモンと区別される．図 12-11 に示した 2 種はよく似た構造を持っているにもかかわらず，子宮，気管支，胃腸管などの弛緩収縮作用に対して逆の働きをするなど，少量で微妙な働きをする．プロスタグランジンは妊娠，分娩，血圧，消化作用，呼吸作用など，動物体の働きに大きな影響を持つことが明らかになり，その働き，合成法が研究されている．

テルペン

イソプレン単位

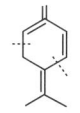

ミルセン
（月桂樹の油から単離）

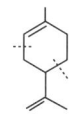

リモネン
（レモンの油から単離）

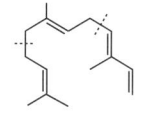

α-ファルネセン
（リンゴの皮から単離）

図 12-9

ステロイド

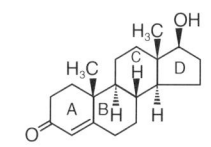

テストステロン（男性ホルモン）

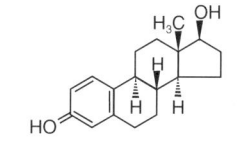

エストラジオール（女性ホルモン）

プロゲステロン（黄体ホルモン）

コルチゾン（副腎皮質ホルモン）

図 12-10

プロスタグランジン

プロスタグランジン E_2

プロスタグランジン $F_{1\alpha}$

図 12-11

第5節 毒

　毒とは少量で動物を死に至らしめる物質のことである．大量にとれば，たいていのものは動物体に害を与えるものであり，お酒だって大量に飲めば死んでしまう．

1 致死量

　毒の強さを表す尺度に致死量がある．図 12-12 に示したように，検体に毒を飲ませたとする．服用量が少量の間は死ぬ検体はない．しかし，量を増やすと死ぬ検体が現れ始める．**ある量の毒を 100 例の検体に飲ませたところ，半数の 50 例が死んだとする．このときの服用量を 50 % 致死量 LD_{50}（Lethal Dose）という．飲んだ検体すべてが死ぬ量が 100 % 致死量 LD_{100} である．致死量が少ない毒ほど猛毒ということになる．**

　当然のことながら，このような試験をヒトを使って行うことはできないので，マウスなどの動物を使って行う．その際，致死量は体重 1kg 当たりで表すことが多い．表 12-1 に示した値はそのような値である．

2 毒性の強弱

　表 12-1 にいくつかの物質の 50 % 致死量を示した．このような値は，使った動物の種類（マウス，ラット，ブタなど），条件（健康状態など），実験の条件（経口，注射，塗布など）などによって左右されるので，あくまでも参考値である．

　シアン化カリウム（青酸カリ KCN）が猛毒であることはよく知られているが，ニコチン（タバコ）も劣らず猛毒であることは注意に値する．

　サリン，VX は自然界にはないものであり，人間が殺戮のために作り出した狂気の化学物質である．ダイオキシンは塩素化合物を低温で燃焼する際に発生するものであり，環境毒として，注目を浴びている．

　テトロドトキシンはフグの毒であるが，フグが作るのではなく，ある種の菌類が作ったものを食物連鎖を通して，フグが体内に蓄積したものであることがわかっている．猛毒中の猛毒は菌類が作り出すものであり，破傷風菌，ボツリヌス菌，ジフテリア菌が作る毒は猛毒として有名である．

致死量

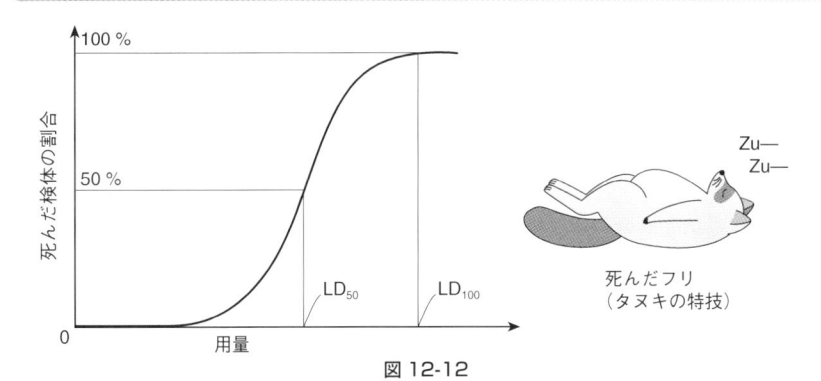

図 12-12

死んだフリ
（タヌキの特技）

毒性の強弱

化合物	LD_{50}(mg/kg)
メタノール	13,000（マウス）
エタノール	7,000（マウス）
ベンゼン	3,800
$CHCl_3$	800
KCN(HCN)	10(3)
ニコチン	1
サリン	0.42
VX	0.015
テトロドトキシン	0.01
ダイオキシン	0.001
破傷風毒素	0.000002
ボツリヌス毒素	0.000001

表 12-1

CH_3-OH
メタノール

CH_3CH_2-OH
エタノール

ベンゼン

ニコチン

サリン

ダイオキシン

VX

テトロドトキシン

3 植物毒

　植物にはたくさんの種類の毒物が含まれている．しかし，注意してほしいのは，**毒は同時に薬だ**ということである．
　図 12-13 に示したアコニチンはトリカブトに含まれる毒であり，猛毒として知られる．しかし，漢方薬では強心剤として用いられる．問題は使用量であり，少量の適量を用いれば薬となるが，大量に用いれば猛毒となる．
　アトロピンは朝鮮朝顔（マンダラゲ）に含まれる毒であるが，適量を用いれば強心剤ともなる．アフラトキシンはピーナッツにはえるカビに含まれる毒素であり，一過性の毒のほか，強度の発がん性をも有するといわれている．

4 麻　薬

　少量用いると幻覚，陶酔，恍惚感を与えるがやがて習慣性となり，用いないと禁断症状を表して使用者を廃人におとしめるものを一般に麻薬という．麻薬の代表的なものとしてケシの実からとるアヘン（阿片）があげられるが，アヘンは図 12-14 に示した 3 種の化学物質の混合物である．モルヒネ，ヘロインは鎮痛作用に優れ，がんの末期患者などに用いて苦痛の除去に大きな働きをしている．モルヒネ，ヘロインの構造式の一部を変化させた合成モルヒネ，ヘロインも研究開発され，習慣性の少ない鎮痛剤として活用されている．

5 動物毒

　先に見たフグに含まれるテトロドトキシンのように，動物に含まれる毒も多くの種類がある．イモリ，カエルにはテトロドトキシンと類似の毒を持つものが知られている．カエルにはこのほかにも猛毒を含むものがあり，原住民が弓矢の矢に塗る矢毒として使用することがある．毒ヘビ，ハチ，クモなどにも毒を持つものがあるが，このような毒は**タンパク質であることが多く，大きな分子量と複雑な構造を持つことが多い**．
　図 12-15 に示した毒は南洋の珊瑚礁に住む魚に季節的に現れる毒であり，珊瑚礁の毒として知られるパリトキシンである．非常に複雑な構造であるが，この構造を解析したのは日本人化学者である．さらに，このパリトキシンを化学的に合成することに成功したのも日本人化学者である．

植物毒

アコニチン
（トリカブト）
LD 0.012 mg/kg

アトロピン
（チョウセンアサガオ）
LD 100 mg 以上 /1 人

アフラトキシン
（ピーナッツカビ）
LD 9.0 mg/kg

図 12-13

麻　薬

アヘン：モルヒネ，ヘロイン，コデインの混合物

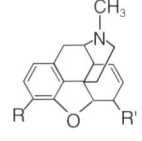

	R	R'	鎮痛作用	LD
モルヒネ	OH	OH	100	120 ~ 250 mg
ヘロイン	OCOCH$_3$	OCOCH$_3$	200 ~ 300	
コデイン	OCH$_3$	OH	8 ~ 15	

図 12-14

動物毒

パリトキシン　　　LD：テトロドトキシンの 20 分の 1

図 12-15

スゴイ構造に
アゼンとする
ハム君

第6節 薬

病気のとき，けがをしたとき，このようなときに助けてくれるのが医薬品である．医薬品は最も価値のある化学物質ともいえるものである．

1 ED と LD

前節で致死量 LD を見た．医薬品にも似た量が定義されている．**有効量(Effective Dose) ED** という．ある量の薬を 100 例の検体に服用させたところ，50 例の検体に有効であったとき，この量を 50 ％ 有効量 ED_{50} という．

毒と薬は紙一重という．今ある薬の ED 曲線が図 12-16 の a で表されたとしよう．この薬とて，大量に飲めば毒となる．この薬の LD 曲線を c としよう．ED 曲線と LD 曲線がこれだけ離れている場合には，この薬で死者が出ることは考えにくい．しかし，別の薬の ED と LD 曲線が b と c だったとしたらどうだろうか．すべての検体が治癒するようにと ED_{100} の量を飲ませると，数体の検体は死んでしまう．こんな薬は怖くて飲めたものではない．これは極端な例であるが，副作用の強い薬には注意が必要である．

2 抗生物質

前節の毒の中にも薬があったように，薬の種類は膨大なものがある．ここでは抗生物質について見てみよう．**抗生物質とは微生物によって生産され，ほかの微生物の生育を阻害する物質である**．第二次世界大戦最中にアオカビから抽出され，イギリス首相チャーチルを肺炎から救ったペニシリンは抗生物質の特効性を示す逸話として有名である．

図 12-17 にいくつかの抗生物質の構造とその発見された年を示した．ストレプトマイシンは結核の特効薬として，クロラムフェニコールはクロロマイセチンの商品名で，テトラサイクリンはその適用範囲が広いことから広範囲抗生物質として各種感染症の治療薬として活用されている．

抗生物質の弱点は，病原菌が突然変異を起こすと有効性が失われることである．そのため，病原菌の突然変異と新しい抗生物質の開発の追いかけっこになりかねないことである．そのため，ペニシリン，セファロスポリンなどの抗生物質の構造を人為的に変化させて新しい抗生物質を作る試みが行われている．

ED と LD

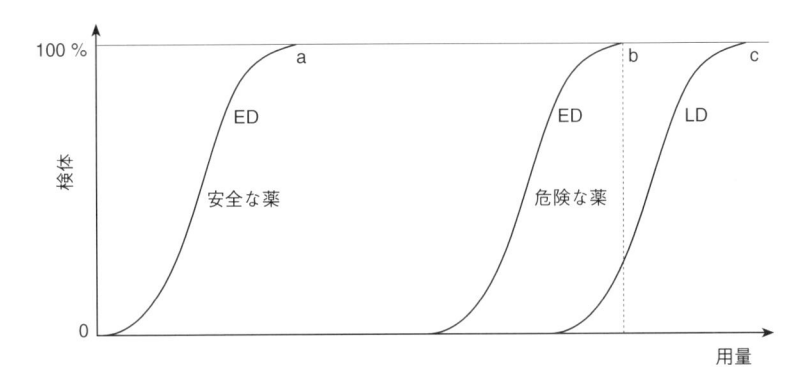

図 12-16

抗生物質

ストレプトマイシン（1944）

クロラムフェニコール（1947）

テトラサイクリン（1948）

種　類	R
天然ペニシリン ペニシリン G	–CH₂–Ph
持続型ペニシリン ペニシリン V	–CH₂–O–Ph
抵抗性ペニシリン メチシリン	–CH–O–Ph 　CH₃

セファロスポリン C（1956）

図 12-17

13章 超分子化学

超分子化学，聞き慣れない言葉かもしれないが，現代化学の最先端を担っている分野である．超分子とは何だろう．たとえでいったほうがわかりやすいだろう．合体ロボである．普通の分子を戦車や戦闘機のロボットとしたら，超分子はそれらが合体してより戦闘能力を高めた合体ロボである．あるいは子供時代にいじったダイヤブロックは，いくつものブロックを組み合わせて新たな高次構造体を作るものであった．超分子も，独立した分子が何個か集まって，より高次の組織体を作り，より高次の機能を獲得した分子組織体である．

第1節 単分子と超分子

図 13-1A は安息香酸である．しかし，液体，固体状態の安息香酸は A の状態で存在することはない．水素結合を起こし，二分子会合体 B の状態で存在する．これは単分子 A がより高次の組織体 B を形成したことを意味する．

C はパラ安息香酸の会合体である．ここでは，長いリボン状の組織体が形成される．B, C は超分子である．このように**分子の中には，自分自身の持つ構造のために自動的に組織化されるように運命づけられたものが存在する**．メタ安息香酸ならどのように組織化されるか，考えてみるのは興味深い．6 分子が会合して大きな六角形型の集合体を作ることになる．もちろんこれも立派な超分子である．

図 13-2 はシクロデキストリンといわれる分子である．デキストリンとはグルコースが何分子か結合したものである．図の分子は 7 個のグルコースが環状に結合したものである．そしてその中にフェロセンが入っている．すなわちこの分子はシクロデキストリンとフェロセンの間でできた新たな構造体である．これは **2 種の異なる分子の間でできた超分子**ということになる．

シクロデキストリンは桶のような入れものと考えることができる．この桶の中にはいろいろの分子が入り込める．悪臭の分子が入れば脱臭効果が期待される．タヌキ君のように，分子が半身だけ入った状態でほかの試薬を反応させたら，桶から出ている部分に優先的に反応するだろう．これは反応制御の例である．

このように，**超分子になると単分子では存在しなかった機能が発現する**．

超分子化学

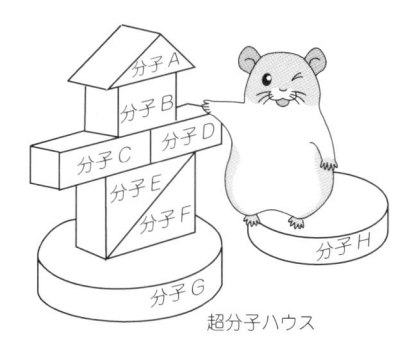

単分子と超分子

図 13-1

図 13-2

第2節 分子を取り囲む包接化合物

　超分子化合物という概念が現れたのは包接化合物を通してであり，その中でもクラウンエーテルの研究を通してである．包接とは包むことである．ある分子がほかの分子を包み込む．このとき，包む分子をホスト（主人）包まれる分子をゲスト（客）という．

1 クラウンエーテル

　図 13-3A に示したような環状エーテルをクラウンエーテルという．クラウンは王冠の意味であり，それはこの環状エーテルの立体構造が王冠に似ていることからつけられた名前である．酸素原子は金属陽イオンと親和性がある．そのため，金属イオンに酸素原子が配位して図 B のように，**金属イオンはクラウンエーテルに包み込まれた形になる．包接の名の由来である．**

　エーテル環の直径を変化させれば，それに応じて配位される金属イオンの大きさが異なることになる．これを利用して，多数種の金属イオンから特定の金属イオンを優先的に取り出すことができる．このイオン選択のように，**分子種を選択することを分子認識という．**現代化学の獲得したたいせつな概念の一つである．

2 カリックスアレン

　カリックスアレンは図 13-4A のようにフェノール誘導体が環状に結合した構造を持つ．アレンとはベンゼン類似体のことであり，カリックスはギリシア語で酒杯を意味する．分子の形が酒杯に似ていることに由来する．この分子の**特徴は金属イオンと有機物を同時に包接することができることである．**

3 超分子ホスト

　クラウンエーテルもカリックスアレンもホストは単分子化合物であった．いくつかの単分子が集まってホスト分子を構成する例も知られている．図 13-5 はそのような例である．図 A は 4 個の単分子（イソグアニン）が集まって環状の組織体を作っている．**これは超分子体であって同時にホスト機能を持つので超分子ホストと呼ばれる．**適当な金属イオンが来るとこの超分子ホスト 2 分子が金属イオンをサンドイッチするように包み込む．そのようすを図 B に示した．

クラウンエーテル

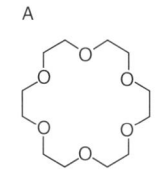

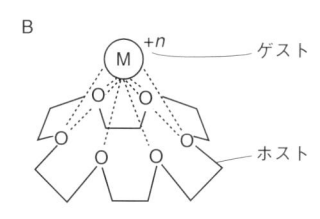

タヌキの王様

図 13-3

カリックスアレン

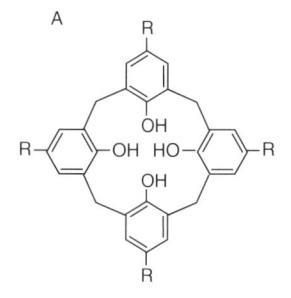

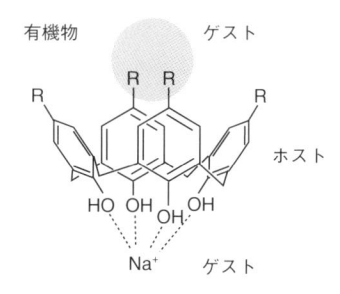

図 13-4

超分子ホスト

図 13-5

第 2 節 ◆ 分子を取り囲む包接化合物

第3節 分子膜と細胞膜

　ある種の分子はたくさん集まると膜状になる．シャボン玉がよい例であり，シャボン（セッケン，両親媒性分子）が集まって風船状の膜になったものである．

1 両親媒性分子

　両親媒性の意味は，両方の溶媒に親しいということである．両方の溶媒とは**水と油を指す**．水にも油にも親しい．これは界面活性剤のことであり，身近な例では洗剤もその一種である．両親媒性分子の例を図 13-6 に示した．アルキル基は油になじみやすいので親油性，あるいは水になじみにくいので疎水性であり，一般に官能基は極性で水になじみやすいので親水性である．

2 分子膜とミセル

　図 13-7A は水中に両親媒性分子を溶かした図である．親水部分は水中に入るが疎水性部分は水中に入らず，空気中に出る．両親媒性分子はまるで水面に逆立ちをしたような状態になっている．図 B は両親媒性分子の濃度を高めた図である．水面は両親媒性分子で立錐の余地なく埋まり，水面に出られなかった分子はしかたなく水中にモノマーとして漂う．

　この水面を埋めた**分子が作る膜のことを分子膜**というのである．

　さらに濃度を高めると水中のモノマーは集まって集団を作る．これをミセルという．**ミセルは親水基を水中に，疎水基を隠すように集まるので**，図 C に示したように親水基を外側に向けたマリモのような形となる．

3 分子膜と細胞膜

　前項の分子膜を取り出したものが図 13-8A である．これは **1 層の分子膜**なので単分子膜といわれる．単分子膜が 2 枚重なると図 B の二分子膜となる．さらに重なると累積膜（LB 膜ともいわれる）と呼ばれるものになる．

　細胞膜は二分子膜の一種であり，二分子膜の間に，タンパク質や糖などの生体機能を維持するために必要な物質が挟み込まれたものである．

　このように，分子膜は細胞膜のモデル物質と考えられることより，生命科学の分野で活用されている．

両親媒性分子

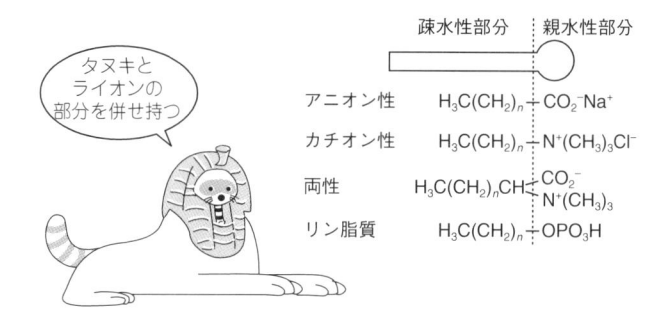

	疎水性部分 : 親水性部分
アニオン性	$H_3C(CH_2)_n - CO_2^- Na^+$
カチオン性	$H_3C(CH_2)_n - N^+(CH_3)_3 Cl^-$
両性	$H_3C(CH_2)_n CH \genfrac{}{}{0pt}{}{CO_2^-}{N^+(CH_3)_3}$
リン脂質	$H_3C(CH_2)_n - OPO_3H$

タヌキとライオンの部分を併せ持つ

図 13-6

分子膜とミセル

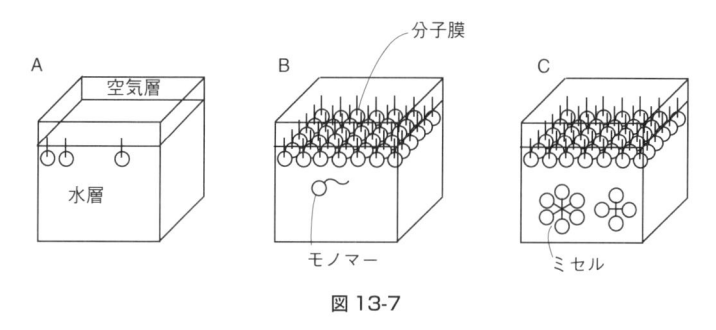

A 空気層／水層
B 分子膜／モノマー
C ミセル

図 13-7

分子膜と細胞膜

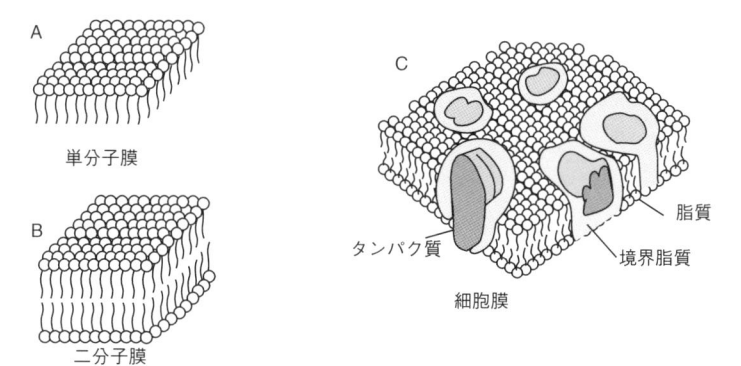

A 単分子膜
B 二分子膜
C 細胞膜／タンパク質／境界脂質／脂質

図 13-8

4 ミセルとベシクル

図 13-9A はミセルの図である．ミセルは大きくなると中に空洞ができ，単分子膜でできた袋と考えることができるものになる．**図 B はベシクルといわれるものであり，これは二分子膜でできた袋であり，同時に細胞膜のモデルである．** 言ってみれば中身の入っていない，空の細胞である．

図 C は逆ベシクルである．ベシクルを構成する 2 枚の分子膜は疎水基を向かい合わせているのに対して逆ベシクルでは親水基で向かい合っている．シャボン玉がこの例である．シャボン玉では親水基の間に水が入り，ちょうど 2 枚の分子膜で水を挟み込んだ形の膜になっている．

5 DDS

ベシクルは細胞膜のモデル物質として，基礎，応用面から研究が進められているが，そのような応用の一つに **DDS（Drug Delivery System）** がある．DDS とは薬剤配達システムとでもいうものであり，必要な箇所に薬剤を届けるものである．

抗がん剤の副作用が問題になっているが，これは抗がん剤ががん部位だけでなく全身に作用するから起こる現象である．患者が服用した抗がん剤は血液に乗って全身に届けられる．がん部位に届いてがんを攻撃するが，がんとは関係ない健康な臓器をも攻撃してしまう．そのために考えられたのが DDS である．

図 13-10 に示したように，ベシクルの分子膜にアンテナ付きの両親媒性分子を潜り込ませて，アンテナ付きのベシクルを作る．アンテナとはがん細胞と親和性のあるタンパク質などの特殊分子である．そしてこのベシクルに抗がん剤を入れて患者に服用させる．その結果，図 13-11A の例のように，**抗がん剤入りのベシクルはアンテナに誘導されてがん部位にだけ優先的に届けられる**ことになる．

効果の例が図 B である．比較実験のグラフは何の処置も施さなかった場合のがん腫瘍の成長度である．がんは日を追って悪化している．ベシクルを与えてもがんの成長に大きな変化は見られない．しかし，抗体付きのベシクルを与えた実験では腫瘍の成長に明らかな鈍化が見られる．

ミセルとベシクル

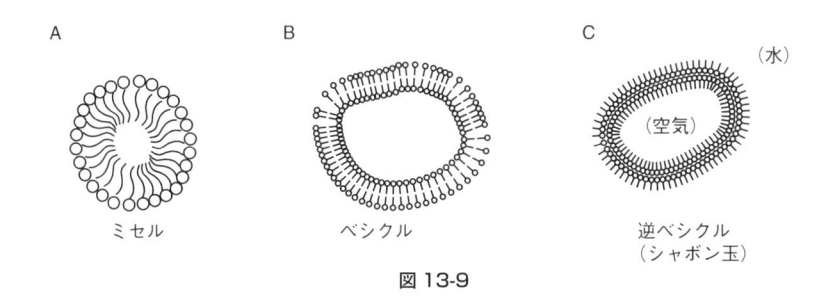

A　ミセル
B　ベシクル
C　逆ベシクル（シャボン玉）
（水）
（空気）

図 13-9

DDS

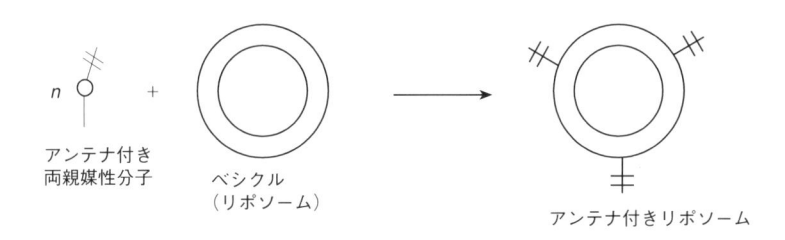

アンテナ付き両親媒性分子　＋　ベシクル（リポソーム）　→　アンテナ付きリポソーム

図 13-10

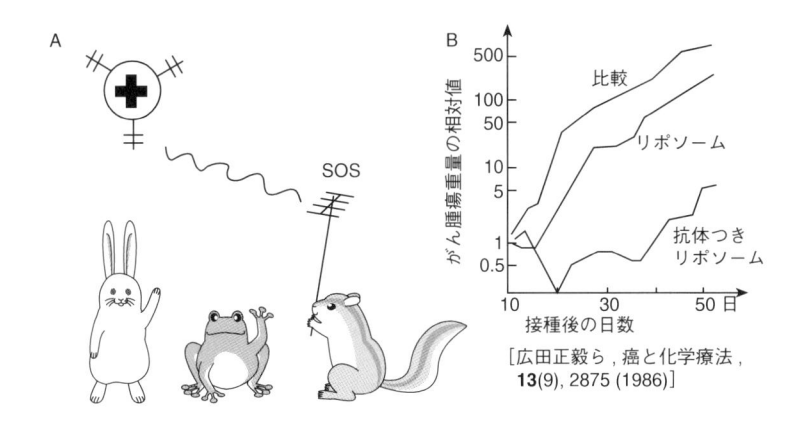

A

SOS

B

がん腫瘍重量の相対値

比較
リポソーム
抗体つきリポソーム

接種後の日数

[広田正毅ら, 癌と化学療法, **13**(9), 2875 (1986)]

図 13-11

第4節 光を操る液晶

　液晶とは結晶と液体の中間の状態だといわれるが，そんなに簡単な状態ではない．液晶にはきちんとした秩序がある．

1 液晶状態

　図 13-12 は結晶，液体，液晶などの状態における分子配列の秩序状態を表したものである．結晶は最も規則性の高い状態であり，分子の位置，分子の向き（配向）いずれも固定されている．それに対して液体状態ではこのような規則性は失われ，位置，配向いずれの規則性もなくなっている．この二つの両極端の間の状態には二つある．位置の規則性だけがなくなった状態と，配向の規則性だけがなくなった状態である．

　液晶とは，位置の規則性だけがなくなった状態を指す．したがって，配向の規則性は残っている．これが液晶の大きな特徴である．逆に，配向の規則性が失われ，位置の規則性が残った状態は柔軟性結晶と呼ばれる．

　液晶性を示す物質の結晶を加熱した場合の変化を表したものが図 13-13 である．加熱するとまず位置の融解を起こして液晶となり，さらに加熱すると配向の融解を起こして液体となる．

2 液晶構造

　図 13-14 に，液晶状態における分子の配列の例を示した．**ネマチック液晶では分子の位置はまったく自由になっており，配向だけがそろっている．**その意味で，最も液晶らしい液晶ともいえる．このような液晶状態を与える分子の構造例を図に示した．

　コレステリック液晶では分子の位置はかなり制約を受けている．すなわち，隣り合った分子はある一定の角度だけ配向を傾ける．**まるで分子の行列がねじれているような状態である．このような特殊な液晶状態を与える例として最初に発見されたのがコレステロールだったため，コレステリック液晶という名前がついた．**

　液晶にはこのほか，層状構造を取るスメクチック液晶，円盤状の分子が液晶となったディスコチック液晶がある．

液晶状態

状態		結晶	柔軟性結晶	液晶	液体
規則性	位置	○	○	×	×
	配向	○	×	○	×
配列模式図					

［齋藤勝裕，目で見る機能性有機化学，p.91，図2，講談社 (2002)］

図 13-12

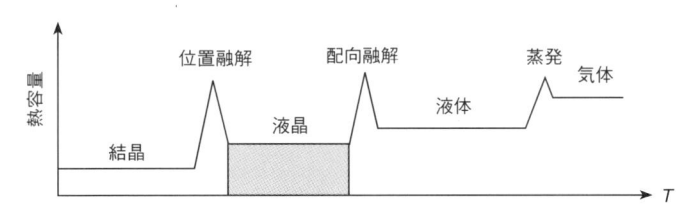

図 13-13

液晶構造

	分子配列	特徴	液晶分子
ネマチック液晶		配向のみ制御	
コレステリック液晶		らせん配列	

図 13-14

3 配向制御

　液晶分子の配向はいろいろの手段を用いて制御することが可能であり，このことが液晶をテレビやモニターの素材として活躍させる原因となっている．

　図 13-15A のように，液晶を入れたガラス容器の壁面に平行な擦り傷を付けておくと液晶分子はその擦り傷と平行な方向に配向をそろえる．

　図 B は向かい合ったガラス面の擦り傷を 90°ねじったものである．液晶分子もそれにつられて配向をねじっていることがわかる．この状態はコレステリック液晶と似ている．

4 液晶表示

　液晶表示の概念をわかりやすく示したものが図 13-16 である．光源の前に液晶を置く．液晶の配向は電流によっても制御することができる．電流オフの状態では液晶分子が光源の前で横に並び，光が通過するのを妨げる．そのため，観察者には光が届かず，画面は暗い．電流をオンにすると液晶分子の配向が変化して，光源の光が通過できるようになり，画面は明るくなる．

　実際には光源は偏光を用い，液晶分子の配列はコレステリック型にねじったりと，複雑な構造にはなっているが，簡単な原理としてはこのようなものである．**すなわち電流のオン，オフで画面の白黒を制御できることになる**．この原理を応用すれば任意のパターンを表示できることになる．

5 可変焦点レンズ

　図 13-17 のようにレンズ型の容器に液晶を入れて液晶レンズを作る．電極を通じて通電すると液晶分子の配向が変化するが，適当な条件の下では液晶分子の配向の程度は通電した電圧で制御することができる．このことは，液晶レンズの焦点を f_1 から f_2 まで連続的に変化させることができることを意味する．

　現在のズームレンズはレンズの胴長を変化させることによって焦点距離を変化させているが，液晶レンズを使えば，レンズを引っ込めたり飛び出させることなく，ズーム機能を表すことができることになる．さらに**将来的には人間の水晶体の代わりに目に埋め込み，通電電圧を脳波と連動させるようなことも，夢ではない**．

配向制御

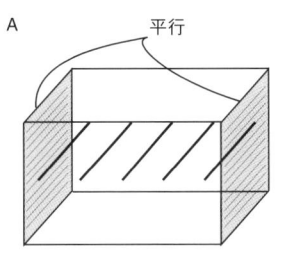

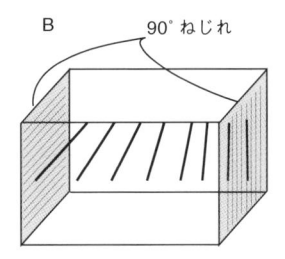

A 平行 B 90°ねじれ

図 13-15

液晶表示

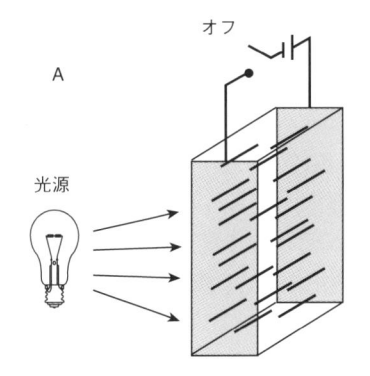

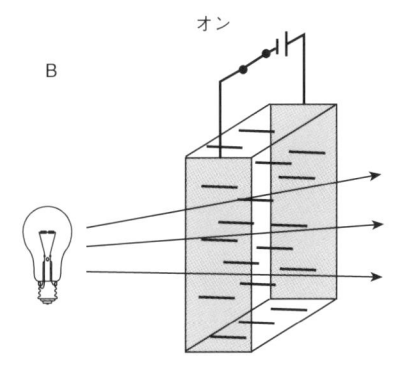

A オフ　光源　　　B オン

図 13-16

可変焦点レンズ

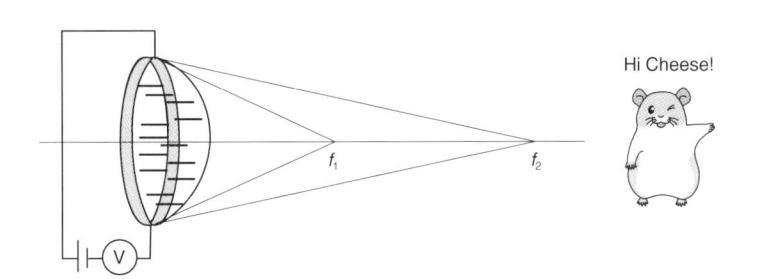

f_1　f_2　Hi Cheese!

図 13-17

第5節 結晶と有機超伝導体

結晶にはいろいろの種類がある．金属結晶のように，ただ一種の原子が空間的に最も密な状態になるように積み重なったものや，ダイヤのように，結晶全体にわたって共有結合が張り巡らされ，結晶全体が 1 個の分子のようなものもある．

有機物の結晶は分子結晶といわれ，分子が特定の位置に特定の配向を持って積み重なったものである．

1 結晶構造

有機物の結晶は**単結晶 X 線解析**の技術を用いることによって絵に書いたように明らかにすることが可能となった．図 13-18 にこのような結晶構造の例を 3D のステレオ図で示した．図 A は安息香酸の結晶であるが，本章冒頭で述べたように，水素結合によって 2 分子が会合していることがわかる．図 B は 2 種の分子でできた結晶である．分子 C は平面構造を保っているが，ペリ位に 4 個のメチル基を持った分子 D はメチル基の立体反発を避けるため，ねじれた構造をとっている．各分子間の角度も微妙に変化しており複雑な結晶構造である．

注意しておくべきことは，結晶状態は分子にとって特殊な環境であるということである．結晶ではほかの分子と空間的に妥協して積み重なる必要がある．そのため，分子はかなり無理な立体構造を取っていることがある．**結晶状態での分子の形と，反応状態での分子の形は異なっている可能性がある．**

2 フラーレン

1985 年クロトーとスモーリーは C_{60} フラーレンを発見した．煤(すす)の中から単離された**フラーレンは 60 個の sp^2 混成炭素が結合したサッカーボール型の構造であった**．その後，C_{70}，C_{78}，C_{82}，C_{84} の似たような構造の分子が次々と発見された．さらに，**細長いチューブ状のカーボンナノチューブ（バッキーチューブ）**も発見され，その構造，物性，機能についての精力的な研究が行われた．C_{60} にアルカリ金属などの金属原子を加えた**（ドープ）**ものも研究され，その結晶構造は図 13-19B であることがわかった．なお，**C_{60} は結晶中でも激しい回転運動を行っており**，単結晶 X 線解析を行うには極低温まで冷やす必要があった．

結晶構造

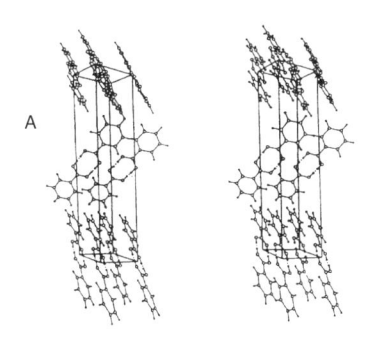

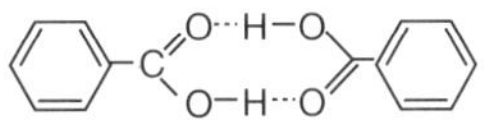

[笹田義夫, 大橋裕二, 斉藤喜彦, 結晶の分子科学入門, p.96, 図3.15, 講談社 (1989)]

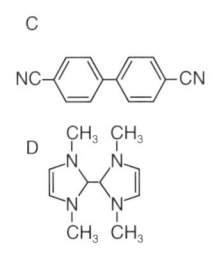

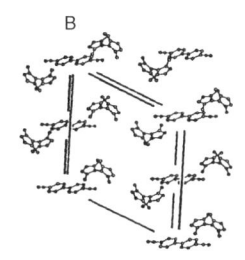

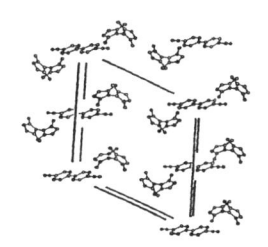

図 13-18

フラーレン

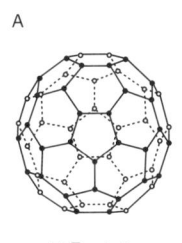

フラーレン

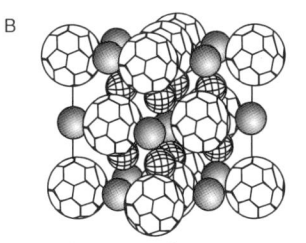

金属をドープしたフラーレン

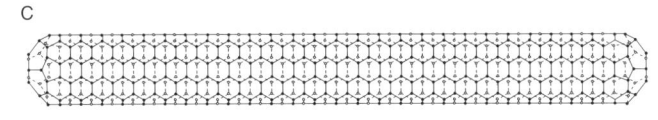

カーボンナノチューブ

[A：齋藤勝裕, 超分子化学の基礎, p.133, 図1, 化学同人 (2001),
B：「化学」編集部, C_{60}・フラーレンの化学, p.107, 化学同人 (1993), C：同, 口絵]

図 13-19

3 有機超伝導体

　一般に有機物は電気を流さないが，伝導性を持つものもある．黒鉛（グラファイト）やヨウ素でドープしたポリアセチレンはよく知られた例である．

　電気伝導性を獲得するにとどまらず，超伝導性を獲得しようとの研究が行われた．代表的な研究例は図 13-20 に示した TTF と TCNQ を用いたものである．**TTF は電子を放出する性質があり，TCNQ は反対に電子を取り込む性質があるため，この 2 分子は互いの間で電子の授受を起こし，電荷移動錯体 B を作る**．このものの結晶構造が図 C である．予想のとおりこの結晶は伝導性を持ち，電子は TTF，TCNQ 各々の分子の重なりを貫くように流れることが明らかとなった．

4 超伝導性とパイエルス転移

　超伝導性獲得を目的に，TTF－TCNQ 電荷移動錯体の伝導率の温度依存性が検討された．図 13-21 に示したとおり温度低下とともに伝導率は順調に上昇し，このまま行ったら超伝導性獲得か，というところで突如伝導性が失われた．これはまったく不連続な変化であり，発見者の名前をとって**パイエルス転移**と呼ばれる現象である．

　パイエルス転移は図 13-20 D のように，電子が 1 次元の直線的に流れる系では避けられないものであることが明らかとなった．それを避けるためには，縦に並んだ分子間だけでなく，横の分子間にも相互作用のネットワークを広げる必要があり，分子間相互作用の次元性を高める試みが行われた．**研究は効を奏し，数十種類の有機超伝導体が作成された．例を図にあげた．T_c は超伝導性を獲得する絶対温度であり，臨界温度と呼ばれる**．C_{60} フラーレン（Fl）に金属をドープしたものにも超伝導性が認められた．

　このような超伝導性は 1 種類の分子では現れえない機能であり，超分子化学の華々しい成果の一つである．このような研究のほかにも，有機物の磁石を作る研究なども行われ，成果をあげている．しかも，このような最先端研究の分野では日本人研究者の活躍が著しい．

　超分子化学はこれからの発展が待たれる分野である．

有機超伝導体

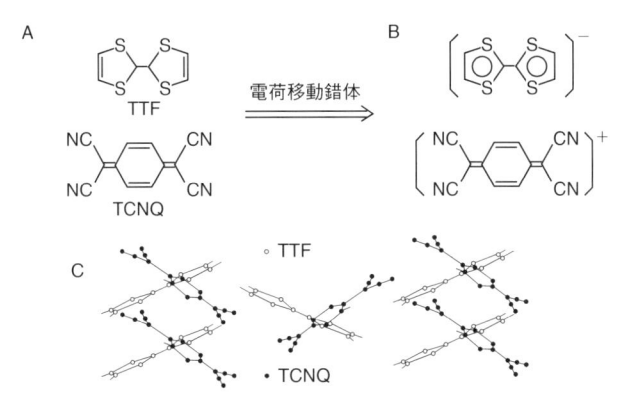

A TTF
TCNQ

B (電荷移動錯体 ⇒)

C ○ TTF ● TCNQ

[*Acta Crysta.*, **B30**, 763, Fig.4 (1974) with permission from IUCr's]

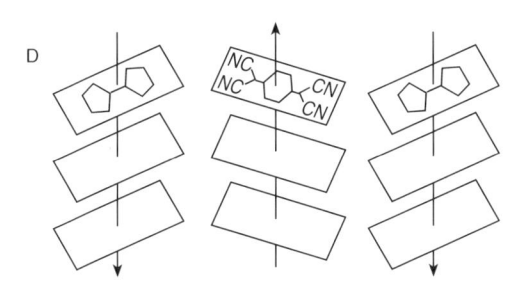

D

図 13-20

超伝導性とパイエルス転移

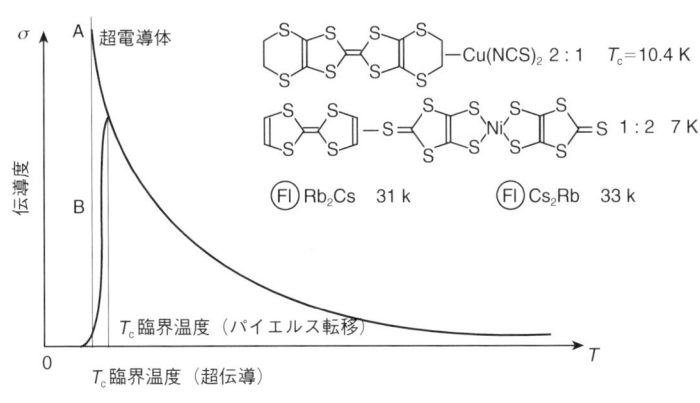

A 超電導体
B
T_c 臨界温度（パイエルス転移）
T_c 臨界温度（超伝導）

― Cu(NCS)$_2$ 2:1 T_c=10.4 K
― Ni 錯体 1:2 7 K

(Fl) Rb$_2$Cs 31 k   (Fl) Cs$_2$Rb 33 k

図 13-21

索　　引

欧文索引

con　134
dis　134
DNA　172
E1反応　112
E2反応　114
HOMO　58
Hückel則　84
IRスペクトル　70
LD_{50}　176
LUMO　58
MSスペクトル　76
M効果　102

NMRスペクトル　72
π結合　36
　──エネルギー　54
R効果　102
S_N1反応　104
S_N2反応　110
sp混成軌道　40
sp^2混成軌道　38
sp^3混成軌道　34
σ結合　36
UVスペクトル　68

和文索引

ア

アキシアル　28
アゾ染料　164
アミド化　160
アミノ基　162, 164
アミノ酸　170
アミン類　162
アルカン　16
アルキル基　24, 164
アルキン　20
アルケン　20
アルコラート　148
アルコール　148
アルデヒド類　158
アルドール反応　154
アンチ脱離　114
アンチペリプラナー配置　114
イオン結合　8
異性体　26
位置異性体　26
一次相互作用　128
一重結合　40
位置選択性　142
液晶　190
エキソ付加体　128
エクアトリアル　28
エステル化　160

エーテル類　152
エポキシ化　130
塩基性　80
エンド付加体　128
オゾン酸化　130
オルテップ図　78
オルト体　26
オルト・パラ配向　142, 144

カ

回転異性体　28
回転エネルギー　66
化学シフト　72
殻　2
核酸　172
核磁気共鳴スペクトル　72
活性化エネルギー　98, 108
活性水素　118, 154
カップリング反応　164
カーボンナノチューブ　194
カリックスアレン　184
カルボキシル基　160, 164
カルボニル基　154
カルボン酸　160
還元性　158
環状化合物　18
官能基　24
慣用名　16

軌道エネルギー準位　4, 54
軌道関数　54
軌道の形　6
求核試薬　104
求核反応　104
吸収極大波長　68
吸収係数　68
求電子攻撃　122
求電子試薬　122
求電子的置換反応　138
協奏反応　114
共鳴効果　102
共役塩基　162
共役化合物　22, 42
共役酸　162
共役二重結合　22, 42, 56
共有結合　8
銀鏡反応　158
クラウンエーテル　184
グリニャール反応　156
ケージ状化合物　18
ゲスト　184
結合異性　82
結合エネルギー　62
結合次数　64
結合性　52
結合性軌道　52
結合性相互作用　52
結合定数　74
結合のイオン性　10
結合モーメント　102
ケト-エノール互換異性　82
ケトン類　154
ケミカルシフト　72
原子核　2
原子軌道　50
光学異性体　30
光学活性　90
高磁場　72
抗生物質　180
構造式　14
コレステリック液晶　190
混成軌道　32

サ

最高被占軌道　58
ザイツェフ則　116
最低空軌道　58

酸塩化物　160
酸解離定数　80, 162
酸化反応　130, 150
三重結合　40
酸性　80
酸無水物　160
紫外可視吸収スペクトル　68
シス-トランス異性体　26
シス付加　118
質量スペクトル　76
遮蔽効果　100
縮重軌道　60
シュレディンガー方程式　50
触媒　118
シン脱離　114
振動エネルギー　66
水素結合　12
ステロイド　174
スペクトル　66
スルホン化反応　140
スルホン酸基　164
赤外線吸収スペクトル　70
接触水素添加　118
遷移　68
遷移状態　98
旋光　90
速度定数　96
存在確率　6
存在密度　6

タ

第一級アルコール　148
第三級アルコール　148
第二級アルコール　148
多価アルコール　148
脱離反応　112, 150
多糖類　168
単糖類　168
タンパク質　170
置換基　24
置換反応　104, 138
逐次反応　96
中間体　96
中性子　2
超分子　182
超分子ホスト　184
低磁場　72
ディールス-アルダー反応　126

テルペン 174
電気陰性度 10
電子雲 6
電子エネルギー 66
電子配置 4
電子密度 64
特性吸収 70
ドープ 194
トランス付加 120
トーレン反応 158

ナ
二次相互作用 128
二重結合 40
二重らせん 172
二糖類 168
ニトロ化反応 140
ニトロ基 164
ニューマン透視図 28
ヌクレオシド 172
ヌクレオチド 172
ネマチック液晶 190

ハ
パイエルス転移 196
バッキーチューブ 194
発光 86
パラ体 26
ハロゲン化反応 140
ハロニウムイオン 122
反結合性 52
反結合性軌道 52
反結合性相互作用 52
半減期 96
反応性指数 62
反応速度 108
光化学反応 132
非共有電子対 44
非局在化エネルギー 62
ひずみエネルギー 18
ヒドロキシル化 130
ヒドロキシル基 148,164
ピリミジン塩基 172
不安定中間体 142
ファンデルワールス力 12
フェーリング反応 158
不確定性原理 6
不斉炭素 30

部分電荷 100
フラーレン 194
フリーデル-クラフト反応 140
プリン塩基 172
プロスタグランジン 174
フロンティア軌道 132
分散力 12
分子イオンピーク 76
分子軌道 50
分子膜 186
閉環反応 134
ベシクル 188
ヘテロ原子 44
ペプチド 170
偏光 90
ベンザイン 142
変旋光 168
方向性 8
芳香族 84,136
包接 184
飽和性 8
ホスト 184
ホフマン則 116
ポリエン 20
ホルマリン 158
ホルミル基 158
ホルモン 174

マ〜ワ
マルコフニコフ則 124
ミセル 186
命名法 16
メソメリー効果 102
メタ体 26
メタ配向 142,146
誘起効果 100
有機超伝導体 196
有効量 180
陽子 2
ラセミ 90
律速段階 104,106
立体反発 28
量子数 2
両親媒性分子 186
臨界温度 196
励起状態 132
ワルデン反転 110

著者紹介

齋藤　勝裕（さいとう　かつひろ）　理学博士
1974年　東北大学大学院理学研究科博士課程修了
現　在　名古屋工業大学名誉教授，愛知学院大学客員教授
専　門　有機化学，物理化学，光化学
主要著書　反応速度論，三共出版（1998）
　　　　　構造有機化学，三共出版（1999）
　　　　　超分子化学の基礎，化学同人（2001）
　　　　　構造有機化学演習（共著），三共出版（2002）
　　　　　目で見る機能性有機化学，講談社（2002）
　　　　　ニュースをにぎわす　化学物質の大疑問，講談社（2003）

NDC437　　206p　　21cm

絶対わかる化学シリーズ
絶対わかる有機化学

2003年11月10日　第1刷発行
2022年2月18日　第10刷発行

著　者　齋藤　勝裕（さいとう　かつひろ）
発行者　髙橋明男
発行所　株式会社　講談社
　　　　〒112-8001　東京都文京区音羽2-12-21
　　　　販売　(03) 5395-4415
　　　　業務　(03) 5395-3615

KODANSHA

編　集　株式会社　講談社サイエンティフィク
　　　　代表　堀越俊一
　　　　〒162-0825　東京都新宿区神楽坂2-14　ノービィビル
　　　　編集　(03) 3235-3701

印刷所　株式会社平河工業社
製本所　株式会社国宝社

落丁本・乱丁本は，購入書店名を明記のうえ，講談社業務宛にお送り下さい．送料小社負担にてお取替えします．なお，この本の内容についてのお問い合わせは，講談社サイエンティフィク宛にお願いいたします．定価はカバーに表示してあります．

© Katsuhiro Saito, 2003

本書のコピー，スキャン，デジタル化等の無断複製は著作権法上での例外を除き禁じられています．本書を代行業者等の第三者に依頼してスキャンやデジタル化することはたとえ個人や家庭内の利用でも著作権法違反です．

JCOPY　〈(社) 出版者著作権管理機構　委託出版物〉

複写される場合は，その都度事前に (社) 出版者著作権管理機構（電話03-5244-5088, FAX 03-5244-5089, e-mail: info@jcopy.or.jp）の許諾を得て下さい．

Printed in Japan

ISBN-4-06-155052-7

講談社の自然科学書

わかりやすく おもしろく 読みやすい
絶対わかる化学シリーズ

絶対わかる 高分子化学
齋藤 勝裕／山下 啓司・著
A5・190頁・本体2,400円

絶対わかる 有機化学
齋藤 勝裕・著
A5・206頁・本体2,400円

絶対わかる 無機化学
齋藤 勝裕／渡會 仁・著
A5・190頁・本体2,400円

絶対わかる 物理化学
齋藤 勝裕・著
A5・190頁・本体2,400円

絶対わかる 化学の基礎知識
齋藤 勝裕・著
A5・222頁・本体2,400円

絶対わかる 分析化学
齋藤 勝裕／坂本 英文・著
A5・190頁・本体2,400円

講談社サイエンティフィク　https://www.kspub.co.jp/　「2022年1月現在」